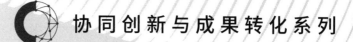

协同创新与成果转化系列

科技成果价值评估 理论与实践

陈　力◎著

知识产权出版社
全国百佳图书出版单位
—北京—

图书在版编目（CIP）数据

科技成果价值评估理论与实践/陈力著 . —北京：知识产权出版社，2023.8
ISBN 978-7-5130-8813-8

Ⅰ.①科… Ⅱ.①陈… Ⅲ.①科技成果—价值—评估—研究 Ⅳ.①G311

中国国家版本馆 CIP 数据核字（2023）第 119587 号

内容提要

本书在对科技成果价值评估定义、政策法规体系以及评估标准与规范进行系统梳理的基础上，全面地介绍了科技成果价值评估指标体系和评估方法。对专利类和非专利类科技成果价值评估方法和评估流程进行概述，对国内外评估指标体系进行总结和初步探索。针对科技成果价值评估面临的重点问题，从运行体系规范化、评估流程平台化和评估方式市场化方面提出未来科技成果价值评估的发展方向。为了提升本书的学术价值，在其中加入了大量的案例介绍，对评估方法进行具体案例分析。

责任编辑：李 潇 武 晋　　　　　责任校对：谷 洋

封面设计：杨杨工作室·张冀　　　　责任印制：刘译文

科技成果价值评估理论与实践

陈力　著

出版发行：**知识产权出版社** 有限责任公司	网　　址：http://www.ipph.cn
社　　址：北京市海淀区气象路 50 号院	邮　　编：100081
责编电话：010-82000860 转 8772	责编邮箱：windy436@126.com
发行电话：010-82000860 转 8101/8102	发行传真：010-82000893/82005070/82000270
印　　刷：三河市国英印务有限公司	经　　销：新华书店、各大网上书店及相关专业书店
开　　本：720mm×1000mm　1/16	印　　张：13.5
版　　次：2023 年 8 月第 1 版	印　　次：2023 年 8 月第 1 次印刷
字　　数：245 千字	定　　价：88.00 元

ISBN 978-7-5130-8813-8

目 录

CONTENTS

第一章 绪 论

第四章　专利类科技成果价值评估

第五章　非专利类科技成果价值评估

第六章 科技成果价值评估发展趋势展望

参考文献／203

绪 论

第一节 科技成果概述

一、科技成果定义

(一) 科技成果的内涵

科技成果，也称科研成果，泛指科技活动中取得的有价值的结果和成就。目前，我国对科技成果定义基本形成统一认识。

1984 年，国家科学技术委员会（以下简称国家科委）在《关于科学技术研究成果管理的规定》中明确指出："科技成果是指对某一科学技术研究课题，通过试验研究、调查考察取得的具有一定实用价值或学术意义的结果，包括研究课题虽未全部结束，但已取得可以独立应用或具有一定学术意义的阶段性成果。"这是我国首次以具备法律效力的文字对科技成果的内涵进行明确。1986 年，中国科学院在《中国科学院科学技术研究成果管理办法》中把"科技成果"定义为：某一科学技术研究课题，通过观察试验、研究试制或辩证思维活动取得的，并经过鉴定具有一定学术意义或实用意义的结果❶。其后，2015 年颁布的《中华人民共和国促进科技成果转化法》中将科技成果定义为通过科学研究与技术开发所产生的具有实用价值的成果❷。

在学术研究领域，许多学者对科技成果也给出了不同的定义。赵玉林等人❸认为，科技成果是指为了解决某一科学技术问题，经研究、实验、试制、考察、综合分析而得出的，并通过技术鉴定或评审具有一定新颖性、先进性和实用价值（或理论价值）的结果或重大项目的阶段性成果。王闯等人❹认为，科技成果是人类在科学技术研究活动的全部领域中，取得的富有创新内容并能揭示一定的自然规律和社会规律，具有一定的科学技术先进水平或学术价值、实用价值、经济价值的研究成果。崔建海❺认为，科技成果是科技人员运用科学的理论、思想和方法，借助先进的手段，研究出的具有科学性、先进性和系统性，对科技进步及经济发展具有促进作用，且通过鉴定、审定或认定的新理论、新方法、新技术、新产品等。刘德刚等人❻认为，科技成果是为提高生产力水平，通过辩证思维、实验研究、调研考察、开发实践，取得新的成就并通过技术鉴定或得到社会认可，具有一定学术意义或实用价值的创造性智力劳动结果。

虽然在科技成果管理工作和学术研究中对科技成果给出了不同的定义，但是对于"科技成果"一词的含义基本上达成了统一的认识，即：科技成果必须是科研工作者通过科学研究活动而取得的；科技成果必须具有创造性和先进性；科技成果必须具有一定的学术意义或实用价值。

❶ 中国科学院. 中国科学院科学技术研究成果管理办法 [J]. 中国科学院院刊, 1986 (3): 283-285.

❷ 参见全国人民代表大会常务委员会"全国人民代表大会常务委员会关于修改《中华人民共和国促进科技成果转化法》的决定（主席令第三十二号）"，http://www.gov.cn/zhengce/2015-08/30/content_2922322.htm.

❸ 赵玉林，魏建国. 科技成果转化的供求结构优化模型 [J]. 系统辩证学学报, 1998 (3): 70-73, 78.

❹ 王闯，陈志国，王楠，等. 浅谈科学技术成果的概念及分类 [J]. 湖南大学学报（自然科学版）, 1995 (S1): 45-48.

❺ 崔建海. 科技成果转化的基本理论及发展对策 [J]. 山东农业大学学报（社会科学版）, 2003 (1): 112-114.

❻ 刘德刚，牛芳，唐五湘. "科技成果"一词的起源、演变及重新界定 [J]. 北京机械工业学院学报（综合版）, 2004 (2): 38-44.

（二）科技成果的特点

科技成果的主要特点如下：

1）新颖性、创造性。如果是理论研究成果，要有首次提出并被公认的新论点和新发现；如果是应用技术研究成果，要有首次成功应用于生产实践的新技术。

2）科学性、先进性。科技成果要符合科学规律，体现科技进步，具备先进的技术水平，预期实现的技术经济指标达到或超过当前的同类成果水平。

3）实用性、应用性。科技成果不仅要具备一定的学术价值，还要具备较高的成熟度，能够直接应用于生产和社会实践，取得经济效益和社会效益。

4）重复性、实操性。科技成果应具有独立的、完善的内容和存在形式，能够被他人重复使用或验证，同时应具备一定的实施条件。

5）合法性、产权性。科技成果能够通过专利审查、鉴定、检测、评估等形式予以确认，其产权归属通常比较明确。

二、科技成果分类

科技成果有多种分类方式，没有统一的方式。其中，最主要的两种是按照成果所属项目的研究性质划分和按照成果的表现形式划分。

（一）按照成果所属项目的研究性质分类

传统的科技活动大多是按照成果所属项目的研究性质来进行划分的，即参考联合国教科文组织对科研活动的分类，将其分为基础研究、应用研究和发展研究三类。其中，基础研究指研究自然现象、探索自然规律、揭示运动规律、提出基本原理、获得新的知识体系及建立新的或完善已有的定理、定律、理论、学说的科技活动。基础研究又可分为纯基础研究和应用基础研究。应用研究指为了某种特定的社会、经济目的，运用基础研究获得的规律、原理和知识，探索新的科学技术途径，开拓新的实际应用方法，或从生产实践中抽取待解决的科技问题进行研究的科技活动。发展研究指以具有明确、具体的实用目的为前提，对基础研究和应用研究的结果进行技术开发的科研活动，其结果是取得实际可用的新的或改进的产品、工艺、流程、方案等，一般可直接移交生产投入使用。因此，传统的科技成果的分类参照了联合国教科文组织对科研活动的划分方式，即按照成果所属项目的研究性质，将科技成果划分为基础研究成果、应用研究成果和开发研究成果三大类❶。

1) 基础研究成果。从理论性和应用性角度考虑，基础研究成果可分为两种：一种是揭示自然界的现象、相互联系和运动规律，增加人类认识世界的理论知识，称为基础理论研究成果；另一种是针对生产中提出的科学技术问题获得可供应用的理论研究方法和手段，称为应用基础研究成果。基础理论研究成果是解决自然科学面临的问题所提出的有关的基础理论，一般不要求有明确的应用目的或近期应用效果，但它具有助力生产技术上出现新突破的潜在能力。应用基础研究成果是针对生产中的科学技术问题得到的理论探索结果，为解决生产、工程的实际问题提供了理论依据。

2) 应用研究成果。应用研究成果是为解决生产中的实际问题而获得的物质技术和方法技术。利用此类成果可探索出用于生产的新技术、新工艺、新产品、新材料、新方法的原型、雏形或原理性样机，得到应用于生产的规律性和可行性。这类成果不一定能直接应用于生产，但其在应用新技术、新知识上有所创新，具有一定的应用价值。

3) 开发研究成果。开发研究成果是运用基础研究、应用研究的成果，在研究解决生产中的技术问题、工艺问题及新产品等技术开发工作中所取得的成果。这类成果可表现为新产品、新工艺、新材料、新方法、新设计等，在技术上已基本成熟，可以或基本可以用于生产。开发研究成果在提高行业技术水平和生产效率、改善工艺条件、提高产品质量等方面有积极作用，并且有望取得显著的经济效益和社会效益。

(二) 按照科技成果的属性分类

1994 年，国家科学技术委员会发布《科学技术成果鉴定办法》(国家科委第 19 号令)，将科技成果分为基础理论成果、应用技术成果和软科学成果

---

❶ 梁秀英，罗虹. 标准化科技成果的分类研究 [J]. 标准科学，2009 (8)：4-7.

三种类型❶。

1）基础理论成果主要以知识形态为表现形式，如论文、论著、考察报告等。

2）应用技术成果可直接应用于生产或服务过程，创造出知识含量或技术含量高的新产品或新服务，其表现形式主要是物质形态或以物质为应用背景的操作体系，如新产品、新技术、新工艺、新材料等。

3）软科学成果是综合运用自然科学、哲学社会科学和工程技术等多学科知识和研究方法，为实践活动提供决策支撑依据的研究成果，其表现形式主要包括发展战略、对策研究、决策和管理咨询意见等。

（三）按科技成果的表现形式分类

科技成果的分类还可以通过其表现形式，即根据科技成果的实体及载体形式进行梳理和分类。按照这种方式，科技成果通常可分为研究报告、学术资料、文字标准、实物标准、标准体系（表）、政策性建议、调研报告、标准编制说明、实物标准研制报告、综述、规划、方案、论文、专著、译著、编著、软件等。

（四）按照能否清晰地表述和有效转移分类

按照能否清晰地表述和有效转移，可将科技成果划分为显性知识和隐性知识两种类型。其中，专利、论文、论著等成果可以通过引用、转让、许可等方式向外转移、传播、扩散，属于显性知识；而在科研过程中产生的储存于研发人员大脑中的技能型知识，难以直接测度，通常属于隐性知识。对于隐性知识，可以通过项目委托、学术研讨、人员交流等方式，将其转化为显性知识，并向外界传播，从而实现知识转移。

（五）按照标准化科技成果分类

梁秀英等❷将按照研究性质和按照表现形式两种分类方法相结合，提出了

❶ 孙彦明. 中国科技成果产业化要素耦合作用机理及对策研究［D］. 吉林大学，2019.
❷ 梁秀英，罗虹. 标准化科技成果的分类研究［J］. 标准科学，2009（8）：4-7.

一种标准化科技成果的分类方法。

首先，根据成果所属项目的研究性质，将标准化科技成果分为基础型研究成果和应用开发型研究成果两类。其次，根据标准化科技成果的表现形式进一步细分，将基础型研究成果分为资料类成果、研究报告类成果两类，将应用开发型研究成果分为政策建议类成果、标准类成果、技术类成果、软件类成果、硬件类成果五类，每种分类的具体界定如下：

1）资料类基础型研究成果。例如，系统收集整理的标准化文献资料，对某一标准化问题的研究状况进行系统回顾、总结与展望等的学术资料，包括综述、调查报告、编著、译著等。

2）研究报告类基础型研究成果。例如，开展标准化理论研究、基础研究、标准前期研究，即针对标准化发展和标准制修订中的具体问题进行系统、深入研究后形成的观点、结论、理论认识，包括研究报告、调研报告、标准研制报告、标准样品研制报告、论文、专著等。

3）政策建议类应用开发型研究成果。例如，以为管理部门和相关机构提供决策参考为目的，针对具体问题，经过系统、深入研究后形成的政策建议，包括法规草案、管理办法草案、规划纲要草案、对策建议、标准体系（表）、实施方案等。

4）标准类应用开发型研究成果。例如，标准制修订和标准样品研制产生的成果，包括标准、技术规范、规程、技术报告（ISO 特定定义）、指南等标准文稿，以及实物形式的标准样品。

5）技术类应用开发型研究成果。例如，为制修订标准或研制标准样品而开发出的新技术，包括检测方法、分析方法、抽样方法、比对技术、仿真验证、模型、专利等。

6）软件类应用开发型研究成果。例如，为标准化研究、管理与服务而运用信息技术开发制作的成果，包括操作系统、数据库、信息系统、演示系统、功能软件等。

7）硬件类应用开发型研究成果。例如，在标准化研究中研制开发出的仪器设备、实验装置等成果。

这种标准化科技成果分类方式既满足了全面涵盖性的要求，又可以减少标准化科技成果划分与评价的复杂性，提高了其实践性和可操作性。

（六）其他分类

除此之外，科技成果分类方法还包括：按科技成果内容特征将科技成果分为知识组织体系（本体、叙词表、知识组织资源等）、数字资源（文本资源、视频、图片、音频等）、人员资源（作者、申请者、管理者等）、机构资源（作者机构、管理机构、会议机构等）、数据库资源（国家科技成果数据库、国家知识产权局专利数据库等）；依据技术创新等理论将科技成果分为科学研究成果、技术研究成果、工程研究成果或产品创新成果和过程创新成果等类型；依据成果转化过程中的投资、风险、收益等不同因素，将科技成果分为社会效益型成果、农业型成果、工业型成果、实用型成果等类型；依据成果的基本经济用途将科技成果分为可用于经营的成果和不可用于经营的成果；依据公共福利效应将科技成果分为公益性技术成果和商业性技术成果❶；按照是否为专利成果分为专利类科技成果和非专利类科技成果；等等。

第二节　科技成果价值评估概述

一、科技成果价值评估定义与对象

（一）科技成果价值评估定义

对于一项科技成果，要在市场上有效地流通或转化，不仅要明确地显示出其技术先进性、成熟性、实用性，还要显示其经济效益和社会效益、市场占有情况、投资条件、环境影响，以及技术周期和价值等各种因素。这就客观上要求对科技成果在进入市场以前必须先进行全面、综合的评价。

参考 2020 年 7 月发布的 GB/T 39057—2020《科技成果经济价值评估指南》，科技成果的经济价值是指从科技成果的转化和应用中获得的经济利益的货币衡量。本书将科技成果经济价值评估定义为根据一定的目的与假设前提，

---

❶ 何浩，钱旭潮. 科技成果及其分类探讨 [J]. 科技与经济，2007，20（6）：14-17.

按照一定的程序，综合运用相关理论、模型与方法，对科技成果经济价值进行分析、估算的过程。

（二）科技成果价值评估对象

科技成果价值评估的对象是由组织或个人完成的各类科学技术项目所产生的具有一定学术价值或应用价值，具备科学性、创造性、先进性等属性的新发现、新理论、新方法、新技术、新产品、新品种和新工艺等。具体包括：

1）列入国家各级政府科技计划的应用技术成果，各级主管部门认为需要进行评估的科技成果。

2）企事业单位及个人自行开发的应用技术成果。

3）转化立项、贷款、投资过程中需要进行评估的科技成果。

4）产权利益主体发生变动时包括技术转让、拍卖、技术出口作价的科技成果。

5）与国内外企业合作、合资等的科技成果。

6）各级行政、司法机关委托进行评估的科技成果。

7）法律、法规允许进行的其他技术评估对象。

二、科技成果价值评估基本属性与原则

（一）科技成果价值评估基本属性

科技成果具有价值性，在评估时要考虑其内在价值，科技成果价值评估的基本属性包括：

1. 独立性

科技成果可以是无形资产也可以是有形资产，但一定是独立存在的，因此在科技成果价值评估时要充分考虑其独立性。针对科技成果所在领域、类型、适应环境的不同要采取不同的评估方法，当评估机构、评估专家不同时评估结果也各不相同。

2. 复杂性

科技成果的价值评估是复杂的。首先，由于科技成果的应用环境是变化的，新的科技成果层出不求，社会需求也不断变化，导致科技成果的类型也各不相同。而科技成果的应用领域、应用学科不同，导致科技成果的技术水平也各不相同。此外，应用范围的不同还会导致科技成果之间可比性不足。其次社会环境是变化的，科技成果未来的市场规模、市场需求量、市场周期、市场寿命、销售收益与销售年限等较难预测。

3. 效益性

科技成果价值评估的效益性意味着它能带来经济效益。科技成果价值评估是一个动态的评估过程，只有横向和纵向同时关注科技成果的发展，深入了解本行业和其他可能影响本行业科技成果价值的外部因素，才能准确评估科技成果的价值。同时，在评估科技成果价值时，其社会的影响力也会对其效益无形中产生影响。因此，社会效益问题也是科技成果价值评估中不得不考虑的一部分。

(二) 科技成果价值评估特殊原则

科技成果价值评估除应遵循公平性、客观性、合理性、独立性、系统性、替代性等资产评估工作的一般原则，还应遵循以下四个原则：

1. 科学性

科技成果价值评估工作中的科学性原则是指评估工作一方面要反映资产活动的规律，另一方面也要反映有关科技成果本身的规律，力求符合客观事实。科技成果的价值评估要符合有关科技的学科发展规律。

2. 先进性和适用性

被评估的科技成果应具有先进性和适用性。评估时应通过评估对象的技术经济指标来考察其先进性，然后结合具体条件（自然资源条件、技术条件、经济条件）来考虑它的适用性。

3. 经济效益可靠

科技成果价值的基础是在持续使用情况下长期产生的经济效益。因此，对被评估的科技成果必须以财务分析和经济分析的方式来判断其经济效益，尤其要考虑其经济效益的真实性。一项科技成果可能有评价较高的成果鉴定和预测良好的市场前景，但如果此项成果尚未经过中试与生产定型鉴定，未转化为商品从而获得可靠的经济效益，难以进行评估。若进行评估，必须同时考虑其中可能存在的风险因素。

4. 安全保密性

所谓安全保密性原则是指科技成果可以在同一时间内为多个主体同时占有、使用，从而获得收益，由于科技成果涉及技术秘密，但扩散性较强，而一经扩散，其利益就会受到损害。因此，在遵循科学性、先进性和适用性的前提下，必须严格遵循安全、保密与环保等方面的法律规定。

三、科技成果价值评估主体与基本程序

（一）科技成果价值评估主体与职责

1. 评估机构

（1）评估机构资质要求

评估机构可以是具有法人资格的企事业单位，也可以是某一内设专门从事科技成果价值评估业务的组织。评估机构从事科技成果价值评估业务不受地区限制。评估机构应当具备下列条件：

1）具有专业化的评估队伍。队伍内有 10 人以上的专职人员，业务结构应当包括科技、经济、管理、财务、计算机、法律等方面，且人员在专业分布上应当与科技成果价值评估业务范围相适应。

2）评估机构应当建有一定规模的评估咨询专家支持系统，评估咨询专家应包括来自科研院所、大学、企业、行业管理部门等单位的技术专家、经济分析专家、行业管理专家和企业管理专家。

3）具备独立处理分析各类评估信息的能力。

4）有固定的办公场所和必要的办公条件。

5）兼营科技成果价值评估的单位或组织除具备上述条件外，必须设有独立的科技评估部门。

6）科技部规定的其他条件。

（2）评估机构管理要求

1）评估机构独立、客观、公正地开展业务是必要的。

2）评估机构建立健全内部管理制度，对本机构的评估专业人员按相关标准进行监督，并对其从业行为负责。

3）评估机构应加强行业自律，同时接受相关主管部门的业务指导和监督。

2. 评估人员

（1）成为评估人员的条件

1）熟悉科技评估的基本业务，掌握科技评估的基本原理、方法和技巧；具备大学本科以上学历。

2）具有一定的科技专业知识；熟悉相关经济、科技方面的法律法规和政策，以及国家或地方的科技发展战略与发展态势；掌握财会、技术经济、科技管理等相关知识；具有较丰富的科技工作实践经验和较强的分析与综合判断能力；须经过中华人民共和国科学技术部认可的科技评估专业培训，并通过专业考核或考试。

（2）评估人员管理要求

1）评估人员在参与科技成果经济价值评估活动前须签署公正性与保密声明，且须遵守客观公正原则及保密守则。

2）评估人员与成果完成单位或个人以及委托方无利益关系或无直接行政隶属关系。凡有利益冲突可能的专家，应主动提出回避，或者由委托方提请该专家回避。

3）评估人员在评估过程中应客观履行职责，不受任何可能损害评估公正性的商业、财务和其他压力的影响，不受到任何单位或者个人的干预。

3. 评估专家

（1）成为评估专家的条件

在相关行业的专业领域，具有丰富的理论知识和实践经验，熟悉国内外相关技术的发展状况。具有一定的学术影响力，接受评估机构的聘请❶。

---

❶ 中国技术市场协会. 科技成果评价工作指南：T/TMAC 019.F—2020 ［S］. 中国标准出版社，2020.

（2）对评估专家的要求

1）评估专家对科技成果进行独立、客观、公正、科学的评估，提出专业咨询评审意见，对评估报告进行审核签字，对与自己利益相关的评审，应主动提出回避。

2）严格遵守工作纪律及保密规定，严禁泄露在评估过程中知悉的技术秘密、商业秘密和个人隐私。严禁泄露项目评估的内容、过程及结果等重要信息，不得侵犯被评估项目的知识产权。

3）参与评估的活动与本人或所在单位有利害关系，影响公正履行职责的，应主动提出回避。不得接受或索取被评估项目有关单位或个人的财物或其他不正当利益。

4）专家参加评审应签订承诺书。

（二）科技成果价值评估基本程序

根据 2020 年 7 月发布的 GB/T 39057—2020《科技成果经济价值评估指南》中对科技成果价值评估的评估程序的梳理和定义，科技成果价值评估的评估程序依次为：评估申请、评估受理、组织评估、评估报告和存档❶，共 5 个基本程序，如图 1-1 所示。

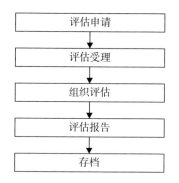

图 1-1　科技成果价值评估基本程序

---

❶ 国家市场监督管理总局，国家标准化管理委员会. 科技成果经济价值评估指南：GB/T 39057—2020［S］. 中国标准出版社，2020.

1. 评估申请

科技成果价值评估一般由评估委托方向评估机构自愿提出申请。提出申请时，评估委托方应提交完整、真实、清晰、可靠、前后内容表述一致的申请材料，一般需提供纸质材料原件、复印件及电子版。申请材料包括申请表和成果材料。申请表内容包括：成果名称、委托方、第一完成组织或个人，以及委托方的委托声明等。成果材料包括：成果简介、法人证书或身份证复印件，以及相关证明材料。其中，成果简介包括成果技术指标、效益指标和风险指标等内容。相关证明材料包括专利、专著、论文、标准、软件著作权、集成电路布图设计、动植物新品种权、获奖证书、转让合同、测试报告、应用证明、国家法律法规要求的行业审批文件、实物样品，以及其他反映评估指标体系内容的证明材料；对于涉及环境污染、劳动安全等问题的科技成果，还应出具专门检测机构的检测报告或证明。若申请材料中的外文译为规范的中文是必要的，可提供外文材料的中文摘要，并将译文附在相应的外文材料前。

2. 评估受理

收到委托方提供的申请材料后，评估机构必须对委托方提交的材料进行形式审查，判断评估材料是否满足开展评估活动的要求。评估材料不齐全的，评估机构宜告知委托方进行补正。若申请材料齐全且具有相符性，或者申请人按照要求提交全部补正申请材料，评估机构宜告知委托方。

3. 组织评估

评估受理后，由评估机构组织评估。评估机构应在评估合同签订后30个工作日内开展评估，根据所受理科技成果的特点和评估工作需要，组成团队并确定项目负责人。

首先，项目负责人应对评估项目进行分析，并制订评估作业方案，包括但不限于：拟采用的评估方法和评估技术路线、拟收集的评估所需资料及其来源渠道、评估工作质量要求及保障措施、评估作业步骤、时间进度和人员安排等。

其次，项目负责人收集的评估资料必须包括：

1）反映评估对象行业、实物和权益状况的资料。

2）估价对象及其同类科技成果的交易、收益、成本等资料。

3）对估价对象所在行业的科技成果价值和价格有影响的资料。

4）对科技成果价值和价格有普遍影响的资料。

最后，项目负责人应在 3 名以上评估人员讨论确认评估方法和参数后开展评估工作，签字确认结果附在评估报告中。

4．评估报告

评估机构对专家意见进行整理、归纳，应在专家评估完成后 15 个工作日内或约定时间形成评估报告。

（1）评估报告的基本要求

1）评估报告封面包括评估报告名称、评估报告编号、评估成果名称、评估委托方、评估机构、评估报告出具日期。

2）评估报告包括评估委托方、评估机构、评估基准日、评估依据、评估方法、评估结果等内容。

3）评估报告应由 3~5 名具有高级职称或注册资格的技术、经济、管理类专家审核签字并加盖评估机构专用章，完成后提交给委托方。

4）评估报告结果需为具体量化金额。

（2）评估报告有效性

1）评估报告可作为技术投融资、许可、转让及合作、科技成果宣传推广等工作的参考依据。

2）评估报告有效期为自评估基准日起一年。

5．存档

评估机构对评估材料包括申请材料、评估过程、评估报告等，采用纸质材料进行归档保存。评估材料存档时间宜不少于 15 年。

第三节　科技成果价值评估政策法规体系

一、科技成果价值评估发展历程

我国科技成果评价经历了从科技成果鉴定制度到科技成果评价制度的演

变，大致可分为三个阶段：以科技成果鉴定为主的科技成果评价初期、科技成果评价引入时期、科技成果评价深化改革和发展时期。

（一）以科技成果鉴定为主的科技成果评价初期（20世纪50年代至90年代中期）

以科技成果鉴定为主的科技成果评价初期重要事件见表1-1。

表1-1 以科技成果鉴定为主的科技成果评价初期重要事件

时 间	事 件
1961年	国务院发布了《新产品新工艺技术鉴定暂行办法》
1984年	国家科委在《关于科学技术研究成果管理的规定》中首次以具备法律效力的文字明确了"科技成果"的定义
1987年	国家科委发布《中华人民共和国国家科学技术委员会科学技术成果鉴定办法》，科技成果鉴定引入了市场化的新理念
1994年	国家科委发布了第三部《科学技术成果鉴定办法》，明确了科技成果的鉴定范围

我国从20世纪50年代起开始实行科技成果鉴定制度。针对当时我国科技成果的数量增长迅猛，导致科技成果质量参差不齐的问题，提出采取科技成果鉴定的方式来审查科技成果质量、辨别科技成果真伪[1]。1961年，国务院发布《新产品新工艺技术鉴定暂行办法》，规定对科技成果主要鉴定新产品新工艺在技术上的成熟程度、经济上是否合理、应用的范围和条件如何等，并作出结论，提出可否推广的建议。1984年，国家科委在《关于科学技术研究成果管理的规定》中首次以具备法律效力的文字明确了"科技成果"的定义。随着我国市场经济的进一步发展，"科技成果"一词的内涵在理论上已得到科学的界定。在1987年制定的《科学技术成果鉴定办法》中，科技成果鉴定引入了市场化的新理念。1994年，国家科委发布的《科学技术成果鉴定办法》中明确科技成果的鉴定范围：列入国家和省、自治区、直辖市以及国务院有关部门科技计划内的应用技术成果，以及少数科技计划外的重大应用技

---

[1] 吴寿仁. 从科技成果鉴定到科技成果评估评价的演变［EB/OL］.（2021-08-26）［2023-04-08］. https://www.1633.com/article/64079.html.

术成果。鉴定内容为正确判别科技成果的质量和水平❶。

在这一阶段，科技成果鉴定制度对解决当时存在的问题、保证科技成果质量、肯定科技人员的成绩、促进科技成果转化等起到了重要的作用。对政府或管理部门来说，科技成果鉴定是认定科技成果业已产生的主要手段；对科技人员来说，科技成果鉴定是其科技成果获得科技界乃至社会承认和肯定的重要方式。但科技成果鉴定始终都带有比较鲜明的计划经济体制的痕迹。科技成果鉴定对成果的评价主要是定性的，对成果经济价值的量化估价基本上不涉及。科技成果作为商品在技术市场中交易时，科技成果鉴定仅能证明科技成果存在与否及质量好坏，难以满足技术入股、产权转让中科技成果的作价需求。这种以政府主导、行政运作为主的评价体制源于集权体制下政府包揽一切、控制一切、决定一切的管理方式，已越来越不适应我国建立社会主义市场经济体制的要求。

（二）科技成果评估制度引入时期（1996—1999 年）

科技成果鉴定向科技成果评价转变时期重要事件见表1-2。

表1-2　科技成果鉴定向科技成果评价转变时期重要事件

时间	事　件
1996 年	政府性的科技评估机构开始在我国出现，广东省、辽宁省、天津市、武汉市、深圳市、北京市等相继成立了科技评估机构
1997 年	我国第一个国家级科技评估机构———国家科技评估中心（现在的科技部科技评估中心）成立。国家科委颁布了《科技成果评估试点工作管理暂行规定》，将科技成果评估作为科技成果鉴定的一种补充，标志着我国科技评价走向专业化道路
1998 年	国家重点新产品计划引入了评估机制，建立了以专家为核心的评估、评审工作体系，通过中介机构进行客观、公正、独立的评估。国家科委印发《建立科技评估机构应具备的基本条件》，建设部发布了《建设部科技成果评估工作管理暂行办法》
1999 年	国家重点新产品计划管理办公室组织编写了《国家重点新产品评估试点工作规范》《1999 年国家重点新产品评估（试点）指南》《国家重点新产品评估的方法及操作实务》和《1999 年国家重点新产品专家认定手册》

❶ 王嘉，曹代勇. 我国科技成果评价的发展现状与对策［J］. 科技与管理，2008（5）：92-95.

为适应政府职能转变与科技计划管理改革的需要，1993 年，国家科委开始将科技评估手段引入科技宏观管理环节，建立计划管理的新模式，尝试引入科技评估制度，对国家重大科技计划、项目进行科技评估，我国科技评估工作的开展迈出了重要的一步。

国家科委先是委托中国科学院对国家"八五"科技攻关计划中的 18 个重点项目开展中期评估。从 1995 年起，国家科委开始委托自然科学基金管理委员会对国家重点实验室进行评估。该评估每 5 年进行一次，评估结果分为优秀、良好、不予资助三个等级。该项评估活动现已制度化。

为了深化科技成果鉴定制度的改革，做好科技成果鉴定的配套工作，1997 年 1 月，国家科委颁布了《科技成果评估试点工作管理暂行规定》，将科技成果评估作为科技成果鉴定的一种补充，主要是对 1994 年颁布的《科学技术成果鉴定办法》中列出的 6 种不组织科技成果鉴定的成果开展评估。这 6 种成果是：基础理论研究成果、软科学研究成果、已申请专利的应用技术成果、已转让实施的应用技术成果、企事业单位自行开发的一般应用技术成果、国家有关法律法规规定必须经过法定的专门机构审查确认的科技成果。在当时，6 种成果不鉴定是对我国科技成果鉴定工作的重大改革，同时也标志着我国的科技成果鉴定工作正在向国际惯例靠拢。国家科委对科技成果鉴定的发展思路是建立多种科技成果评价手段并存的新格局。科技成果鉴定主要体现为政府的行政行为，权力集中；而科技成果评估是由第三方中介机构来完成的，不具有行政上的强制性。

1996 年前后，政府性的科技评估机构开始在我国出现，广东省、辽宁省、云南省、天津市、武汉市、深圳市、北京市等相继成立了科技评估机构。1997 年 5 月，国家科委在武汉市召开科技评估研讨会后，其他各省市更是积极筹建科技评估机构。很多部、省提出，希望国家科委在科技成果评估方面进行试点。1997 年 11 月，国家科委批准了北京市、天津市、辽宁省、深圳市、中科院、国防科工委等 12 个省市和部门开展科技成果评价试点工作，并在全国范围内开展了科技成果评估培训工作。在诸多试点单位中，辽宁省技术经济评估中心工作开展得较为突出，他们从 1997 年开展科技成果评估工作，由辽宁省科委成果处授权，对科技成果管理规定中的"六不鉴定"的成果进行评估，评估了 300 多项成果，其中有 1/3 获省级科技奖。其评估报告的结论已具备省级科技成果鉴定同等效力。

1997 年 12 月，在国家科技经济发展研究中心的基础上组建了国家科技评估中心，这是我国第一个国家级科技评估机构。

1998 年，国家重点新产品计划引入了评估机制，并逐步推广，选择了北京市、天津市、上海市、广东省、湖南省、湖北省、辽宁省七省市开展新产品评估试点，组织编制了国家重点新产品评估试点工作规范和国家重点新产品专家认定手册，建立了以专家为核心的评估、评审工作体系。1998 年，国家科委印发《建立科技评估机构应具备的基本条件》。同年，建设部发布了《建设部科技成果评估工作管理暂行办法》。1999 年，国家重点新产品计划管理办公室又组织编写了《国家重点新产品评估试点工作规范》《1999 年国家重点新产品评估（试点）指南》《国家重点新产品评估的方法及操作实务》和《1999 年国家重点新产品专家认定手册》。这一系列制度及文件的出台推动了申报、评估和评审等环节的规范化建设，是我国科技评估制度变迁过程中的重要探索和实践。

1999 年，中共中央、国务院在《关于加强技术创新、发展高科技、实现产业化的决定》中又明确提出，要大力推进中介机构评估制度，凡是重大项目都要经过评估、招标。

在这一阶段，我国主要是学习和引入发达国家先进评估经验、评估理论与方法，探索开展科技成果评估试点工作，但评价办法不完整，对成果分类评价也没有明确规定。此外，有关理论和研究方法过于侧重成果的价值，并未对成果完成后进入市场前所需要的各种评价情况加以系统的分析和研究。

（三）科技成果评价深化改革和发展时期（2000 年至今）

科技成果评价深化改革和发展时期重要事件见表 1-3。

表1-3　科技成果评价深化改革和发展时期重要事件

时间	事　件
2000 年	科技部颁布了《科技评估管理暂行办法》，对科技评估的定义、评估类型和范围、评估的组织机构以及评估的程序和方法等进行了规定
2001 年	国家科技评估中心出版了《科技评估规范》，进一步明确了科技评估的定义，同年，在深圳市进行科技成果鉴定改革试点
2002 年	国家 4 个部委联合发布《国家科研计划课题评估评审暂行办法》，科技部办公厅发布了《关于进一步扩大科技成果鉴定改革试点的通知》，提出了科技成果鉴定改革的基本思路
2003 年	科技部、教育部、中国科学院、中国工程院和国家自然科学基金委员会联合印发了《关于改进科学技术评价工作的决定》；同年，科技部印发了《科学技术评价办法（试行）》《国家科技计划项目评估评审行为准则与督查办法》
2009 年	科技部发布了《科技成果评价试点工作方案》，选择农业部科技司、河北与湖南两省科技厅、成都与青岛等市科技局自 2009 年 9 月到 2010 年底开展了为期 1 年多的试点工作，并发布了《科技成果评价试点暂行办法》
2014 年	国家科学技术奖励工作办公室下发《关于开展二期科技成果评价试点工作的实施意见》，在试点范围内不再开展科技成果鉴定，全面实施科技成果评价（涉及国家秘密、国家安全、公共安全等国家重大利益的除外）
2016 年	科技部发布决定对《科学技术成果鉴定办法》等规章予以废止。《科学技术成果鉴定办法》被废止后，各级科技行政管理部门不得组织科技成果鉴定工作，科技成果评价工作由委托方委托专业评价机构进行
2021 年	国务院办公厅印发了《关于完善科技成果评价机制的指导意见》，首次将评价成果的科学、技术、经济、社会、文化五大价值明确化，围绕科技成果"评什么""谁来评""怎么评""怎么用"完善评价机制，做出明确工作安排部署

2000 年，科技部颁布了《科技评估管理暂行办法》，对科技评估的定义、评估类型和范围、评估的组织机构以及评估的程序和方法等进行了规定。2001 年，国家七部委 27 个省市技术评估机构已达 70 多家，从业人员 1000 多人，这些科技评估机构的建立标志着我国科技评估向着规范化、专业化又迈进了重要的一步。

2001 年 6 月，国家科技评估中心出版了《科技评估规范》，进一步明确了科技评估的定义、科技评估所应遵循的原则和基本的职业道德；同时对科技评估的类型、范围、评估程序、评估关键环节、评估方法、组织管理、机构和人员，以及所涉及的各方权利、义务及责任做了明确规定。它的公开出版，标志着我国的科技评估活动开始步入专业化阶段。

2002 年，国家 4 个部委联合发布的《国家科研计划课题评估评审暂行办法》，对评估和评审给出明确界定，是"委托评估机构评"还是"组织专家评"，成为区分评估和评审的标准。科技部办公厅发布了《关于进一步扩大科技成果鉴定改革试点的通知》，提出了科技成果鉴定改革的基本思路，主要内容包括：一是科技成果鉴定应以市场需求为导向，为科技成果转化应用服务；二是政府从"做鉴定"到"管鉴定"的职能转变；三是科技中介服务机构依法承担科技成果鉴定业务，逐步形成自我约束、专家参与、社会制约与行政监管相结合的运行机制❶。2003 年，科技部、教育部、中国科学院、中国工程院和国家自然科学基金委员会联合印发了《关于改进科学技术评价工作的决定》。2003 年 9 月，科技部印发了《科学技术评价办法（试行）》，明确了评价的目的、原则、分类方法、评价准则及监督机制等。2003 年，科技部发布了《国家科技计划项目评估评审行为准则与督查办法》，将我国国家科技计划项目的评估评审活动纳入法制化管理轨道。但由于评价工作的复杂性和法规本身的不完备性，这几部法规只是对评价工作的原则性问题进行了规定，缺乏细则的支持；同时，其与原来的法规的兼容性问题还有待进一步的解决。

此后，国家科技评估中心又协助科技部先后起草了《科技计划课题预算评估评审实施细则（暂行）》《国家高技术研究发展计划课题预算评估规范》《国家科研计划课题评估评审管理办法》等一系列文件。这些制度的出台，对规范全国的科技评估活动、评估机构的建设，推动科技评估事业的发展起到了重要的作用。

2006 年 2 月国务院发布的《国家中长期科学和技术发展规划纲要（2006—2020 年）》的第七大部分"科技管理体制改革与国家创新体系建设"里，明确提出：在科技发展新形势和政府职能转变新要求下，要改革科技评审与评估制度。科技项目的评审要体现公正、公平、公开和鼓励创新的原则。完善同行专家评审机制，加强对评审过程的监督，扩大评审活动的公开化程

---

❶ 吴寿仁. 从科技成果鉴定到科技成果评估评价的演变 [EB/OL]. (2021-08-26) [2023-04-08]. https://www.1633.com/article/64079.html.

度和被评审人的知情范围。注重对科技人员和团队素质、能力和研究水平的评价，建立国家重大科技计划、知识创新工程、自然科学基金资助计划等实施情况的独立评估制度。要根据科技创新活动的不同特点，完善科研评价制度和指标体系。面向市场的应用研究和试验开发等创新活动，以获得自主知识产权及其对产业竞争力的贡献为评价重点；公益科技活动以满足公众需求和产生的社会效益为评价重点；基础研究和前沿科学探索以科学意义和学术价值为评价重点。

2009 年，科技部发布了《科技成果评价试点工作方案》，选择农业部科技司、河北与湖南两省科技厅、成都与青岛等市科技局开展试点，并发布了《科技成果评价试点暂行办法》。科技部自 2009 年 10 月启动科技成果评价试点工作以来，取得良好进展。各试点单位相继制订本单位的试点工作方案，确定各自的试点范围和参加试点的评价机构，初步建立科技成果分类评价方法的评价指标体系，加强科技成果评价咨询专家队伍、社会专业评价机构建设，积极探索面向市场的科技成果评价新机制，既符合总体要求又突出特色地开展科技成果评价活动。

2014 年，为了确保按期实现科技成果评价试点的总体目标，国家科学技术奖励工作办公室下发了《关于开展二期科技成果评价试点工作的实施意见》，决定开展二期科技成果评价试点工作，在试点范围内不再开展科技成果鉴定，全面实施科技成果评价（涉及国家秘密、国家安全、公共安全等国家重大利益的除外）。

2016 年，科技部发布决定对《科学技术成果鉴定办法》等规章予以废止。《科学技术成果鉴定办法》被废止后，各级科技行政管理部门不得组织科技成果鉴定工作，科技成果评价工作由委托方委托专业评价机构进行。

2018 年，中共中央办公厅、国务院办公厅印发的《关于深化项目评审、人才评价、机构评估改革的意见》（中办发〔2018〕37 号）提出：严格项目成果评价验收，项目承担单位要组织对本单位科研人员拟公布的成果进行真实性审查；加强国家科技计划绩效评估。

2021 年 7 月，国务院办公厅印发了《关于完善科技成果评价机制的指导意见》（国办发〔2021〕26 号）（以下简称《指导意见》），围绕科技成果

"评什么、谁来评、怎么评、怎么用"等问题，做出明确工作安排部署，并首次在政策性文件中明确提出要全面准确评价科技成果的科学、技术、经济、社会、文化价值。为贯彻落实《指导意见》的部署要求，科技部、教育部、财政部、人力资源和社会保障部、卫生健康委、国务院国资委、中国科学院、中国工程院、国防科工局、中国科协十部门联合印发了《关于组织开展科技成果评价改革试点工作通知》（国科发政〔2021〕334 号），启动科技成果评价改革试点工作❶。

科技成果价值评估属于科技成果评估中对成果经济价值确定的环节。2020 年，国家市场监督管理总局、国家标准化管理委员会批准发布了国家标准 GB/T 39057—2020《科技成果经济价值评估指南》，对科技成果的经济价值评估工作开展提供指导。

二、科技成果价值评估标准与规范

科技成果价值评估相关国家标准见表 1-4。

表 1-4　科技成果价值评估相关国家标准

序号	标准号	标准名称	适用范围
1	GB/T 39057—2020	科技成果经济价值评估指南	本标准适用于成熟市场的科技成果经济价值的评估
2	GB/T 32225—2015	农业科技成果评价技术规范	本标准适用于应用开发类、软科学类和基础研究类农业科技成果评价，不适用于涉及国家秘密的农业科技成果评价
3	GB/T 22900—2022	科学技术研究项目评价通则	本标准适用于自然科学领域基础研究、应用研究和开发研究项目成果评价
4	GB/T 41619—2022	科学技术研究项目评价实施指南 基础研究项目	本标准适用于基础研究项目以及其他具有基础研究属性项目的评价。社会科学领域的基础性研究项目可以参照使用

---

❶ 苏宏宇. 科技成果评价政策与标准化现状 [EB/OL]. （2022-10-21）[2023-04-08]. https://www.cnis.ac.cn/ynbm/bzpgb/kydt/202210/t20221021_54068.html.

续表

序号	标准号	标准名称	适用范围
5	GB/T 41620—2022	科学技术研究项目评价实施指南 应用研究项目	本标准适用于对自然科学领域应用研究项目的评价。其他领域的研究项目评价可以参照、借鉴使用
6	GB/T 41621—2022	科学技术研究项目评价实施指南 开发研究项目	本标准适用于对自然科学领域开发研究项目全周期的各个环节的评价，并为组织提升开发研究项目管理能力、提高科技投入产出效率提供参考。其他领域的研究项目评价可以参照、借鉴使用
7	GB/T 40147—2021	科技评估通则	本文件适用于各类科技评估活动，适用于委托、组织、实施、应用和管理科技评估活动的相关机构、组织和人员

国家市场监督管理总局、国家标准化管理委员会批准发布的 GB/T 22900—2022《科学技术研究项目评价通则》国家标准，以及 GB/T 41619—2022《科学技术研究项目评价实施指南 基础研究项目》、GB/T 41620—2022《科学技术研究项目评价实施指南 应用研究项目》和 GB/T 41621—2022《科学技术研究项目评价实施指南 开发研究项目》共 4 项推荐性国家标准，为科研项目评价提供了一套通用框架和分类评价方法。该系列标准由科技部提出，全国科技评估标准化技术委员会（SAC/TC580）归口，中国标准化研究院、中国科学院科技战略咨询研究院、中关村巨加值科技评价研究院、科技部科技评估中心等单位共同起草。

党的二十大报告强调，要加快实施创新驱动发展战略，加快实施一批具有战略性、全局性、前瞻性的国家重大科技项目。该系列标准是完善科技创新体系、加快科技创新成果转化应用的重要举措。新修订的 GB/T 22900 国家标准明确了自然科学与技术领域科研项目评价的通用要求，与 2009 年版国家标准相比，此次修订增加了评价原则、科研项目分类与评价重点、评价环节与内容，修改了评价方法和程序等。GB/T 41619、GB/T 41620、GB/T 41621 这 3 项标准在 GB/T 22900 的基础上，分别提出了基础研究、应用研究、开发研究 3 类科研项目评价的具体要求，为科学规范地开展科研项目评价提供操作指引。

科技成果价值评估相关地方标准和团体标准见表1-5和表1-6。

表1-5　科技成果价值评估相关地方标准

序号	标准号	标准名称	省（区、市）	批准日期
1	DB3713/T 240—2021	应用类科技成果评价规范	临沂市	2021/12/15
2	DB51/T 2858—2021	农业科技成果效益计算方法及规程	四川省	2021/11/8
3	DB1401/T 1—2020	科技成果评价规范	太原市	2020/11/27
4	DB43/T 1818—2020	科技成果评价规范	湖南省	2020/8/25
5	DB13/T 5065—2019	科技成果转化价值评价规范	河北省	2019/9/23
6	DB34/T 3061—2017	科技成果评价规范	安徽省	2017/12/30

表1-6　科技成果价值评估相关团体标准

序号	团体名称	标准编号	标准名称	公布日期
1	山西省生产力促进协会	T/SXKJFW 302—2022	山西省科技成果评价标准	2022/8/25
2	中国科学学与科技政策研究会	T/CASSSP 0001—2022	科技成果评价准则（政策咨询类）	2022/6/30
3	南安市知识产权协会	T/CIPR 003—2022	科技成果可行性分析规范	2022/5/19
4	南安市知识产权协会	T/CIPR 001—2022	科技成果价值预估技术规范	2022/5/19
5	山东科技咨询协会	T/SDASTC 001—2017	科技成果评价技术规范	2022/1/19
6	广东省市场协会	T/GDMA 41—2021	科技成果评价通用技术规范	2021/12/30
7	广东省电子学会	T/GDCIE 1—2021	广东省科技社团科技成果（技术开发类）评价规范	2021/12/20
8	中国高科技产业化研究会	T/CHTIA 001—2021	科技成果评价标准	2021/9/1
9	新疆维吾尔自治区软件行业协会	T/XJSIA 002—2021	信息技术领域科技成果评价规范	2021/8/9
10	中国技术市场协会	T/TMAC 002.F—2021	科技成果评价	2021/3/5
11	中关村新兴科技服务业产业联盟	T/STSI 19—2020	科技成果评价规范	2021/2/26
12	中国技术市场协会	T/TMAC 023.F—2020	高校科技成果环、链结构产业化指南	2020/8/7

续表

序号	团体名称	标准编号	标准名称	公布日期
13	广东省防伪行业协会	T/HB 0008—2020	检验检测科技成果转化服务规范 收益评估与分配	2020/4/10
14	中国标准化协会	T/CAS 347—2019	应用技术类科技成果评价规范	2019/5/31

2019年9月，国家标准化管理委员会发布《关于成立全国科技评估标准化技术委员会等14个技术委员会的公告》（2019年第9号），正式成立全国科技评估标准化技术委员会（以下简称科标委）。科标委归口管理全国科技评估标准化的相关工作，涵盖科技政策评估、计划评估、项目评估、成果评估、区域科技创新评估、机构与基地评估、人才评估、经费评估，以及科技绩效与影响评估等。该委员会的成立有利于消除科技成果评价市场的种种乱象，为科技型企业科学评估自身价值、拓宽融资渠道提供支撑。

除了平台搭建外，国家科技评估中心与金融机构开展前期试点的工作也正在进行推广。作为科技成果转移转化的重要环节，科技成果评价是对科研成果的质量、学术水平、实际应用和成熟程度等予以客观的、具体的、恰当的评估。目前，由市场"唱主角"的科技成果评价带来了种种乱象，评价结果往往不规范，自然很难被市场和金融机构认可。

由于中小科技型企业（特别是科创孵化企业）一般没有优质的固定资产作为抵质押，因此很多银行不愿与其打交道，就连唯一看好的知识产权等科研成果也鱼龙混杂。没有权威的评判标准，自然影响了一批有真实科技含量的小微企业融资。

因此，原来的科技成果鉴定属于政府行政职能，现在规定将科技成果评价工作委托给第三方专业评价机构。为防止第三方机构泛滥，这些机构就需要有相应的准入条件，而且政府方面也需要设立一些监管机制。国家科技成果鉴定工作取消后，当前很多地方部门和机构都在探索开展成果评估评价，将来需要从国家层面统筹出台成果评估的指导意见和相关标准，明确基础共性要求，引导行业健康有序发展。

三、科技成果价值评估行业自律管理办法

科技成果价值评估属于资产评估。中国资产评估协会（以下简称中评协）是资产评估行业的全国性自律组织，依法接受财政部和民政部的指导、监督。其主要职责是依据国家有关法律、法规和中国资产评估协会章程的规定，对资产评估行业进行自律性管理；制定并组织实施资产评估执业准则、规则。为规范中评协会员执业行为，进一步加强资产评估行业自律监管，全面促进资产评估行业健康发展，根据《资产评估法》《资产评估行业财政监督管理办法》等法律法规，中评协对 2005 年印发的《资产评估执业行为自律惩戒办法》进行了修订，印发了《中国资产评估协会会员执业行为自律惩戒办法》（以下简称《惩戒办法》）。现将有关情况说明如下：

（一）修订原则

1. 以《资产评估法》和相关行政法规、执业准则为准绳

《资产评估法》的颁布实施，标志着我国资产评估行业进入了依法治理的新时代。《资产评估法》不仅规范了评估专业人员和评估机构的执业行为，加大了对评估专业人员和评估机构违法行为的处罚力度，还明确了评估行业协会的权利和责任，强化了行业自律管理的地位和作用。为贯彻落实《资产评估法》，财政部相继出台了《资产评估行业财政监督管理办法》《资产评估基本准则》等相关配套文件，强化了对资产评估行业的监管力度。2017 年 9 月，中评协制定颁布了 25 项资产评估执业准则和 1 项资产评估职业道德准则。新准则的实施，对会员执业行为进行了全面、详尽的规范。《惩戒办法》以《资产评估法》和相关行政法规、执业准则为准绳，做到依法合规。

2. 以立足行业自律管理为出发点

《资产评估行业财政监督管理办法》第 4 条规定：财政部门对资产评估行业的监督管理，实行行政监管、行业自律与机构自主管理相结合的原则。评估行业协会是评估机构和评估专业人员的自律性组织，依照法律、行政法规和规章实行自律管理。《资产评估法》第 36 条规定，"规范会员从业行为，定

期对会员出具的评估报告进行检查，按照章程规定对会员给予奖惩"是评估行业协会必须履行的重要职责。因此，《惩戒办法》要立足于行业自律管理，在法律、行政法规、规章以及《中国资产评估协会章程》的框架下开展工作。

3. 以规范会员执业为目标

《中国资产评估协会章程》规定，中评协的宗旨之一是，监督会员规范执业，提升行业服务能力和社会公信力，促进行业持续健康发展。因此，行业自律惩戒工作始终针对的是会员的执业行为。《惩戒办法》对会员违反资产评估法、资产评估基本准则、资产评估职业道德准则以及各项资产评估执业准则的执业行为进行惩戒，对会员起到警示和教育的作用，帮助会员及时发现问题、认识错误，纠正会员对法律法规以及准则的理解偏差，督促会员进行整改，从而达到规范会员执业、提升执业质量的目的。

在资产评估执业过程中，评估专业人员和评估机构的法律主体不同、权利义务不同，承担的责任也不同。《惩戒办法》对违法违规行为进行自律惩戒时，要视评估专业人员和评估机构应承担的不同责任分别给予相应的自律惩戒。

4. 以促进惩戒工作公正有效为落脚点

要确保自律惩戒结果公平、公正，自律惩戒工作的每一个环节都要做到严谨规范、有章可循。《惩戒办法》根据行业实际，从规范对象、相关概念的解释、自律惩戒种类的设置和运用规则、对个人执业会员和评估机构会员分别进行自律惩戒的情形以及自律惩戒的组织实施和工作纪律等方面逐一做出明确规定。《惩戒办法》要做到详尽、清晰、完整，涵盖自律惩戒工作的方方面面，促进自律惩戒工作水平的整体提升。

（二）修订过程

中评协秘书处高度重视《惩戒办法》的修订工作。为使《惩戒办法》在《资产评估法》、行政法规以及执业准则的框架下，更好地贴近资产评估行业现阶段发展实际，且在实践中具有较强的指导性、针对性和可操作性，中评协专门组织人员成立课题组，负责修订工作。课题组自 2017 年 6 月开始全面梳理了有关法律、法规和制度文件，并结合 2017 年资产评估行业执业质量检查工作修订《惩戒办法》。在此基础上，课题组对资产评估基本准则、资产评估职业道德准则和资产评估执业准则进行分解和归纳，数易其稿，最终形成了新的惩戒办法征求意见稿。自 2018 年 3 月起，通过座谈、培训班、研讨等形式，对征求意见稿在行业内外广泛征求意见，最终中评协秘书长会多次研究后，提交中评协常务理事会审议通过。

(三)《惩戒办法》的架构

《惩戒办法》分 7 章，共 45 条。主要包括：

第一章总则，包括制定依据、适用范围、惩戒适用的情形、惩戒原则 4 条内容。

第二章自律惩戒的种类和运用规则，包括惩戒种类、减轻惩戒的情形、加重惩戒的情形、合并处理的运用 4 条内容。

第三章对个人执业会员的自律惩戒，包括个人执业会员涉及法律责任行为以及违反资产评估基本准则、资产评估职业道德准则、资产评估执业准则的行为应予以相应自律惩戒等 15 条内容。

第四章对评估机构会员的自律惩戒，包括评估机构会员涉及法律责任行为以及违反资产评估基本准则、资产评估职业道德准则、资产评估执业准则的行为应予以相应自律惩戒等 6 条内容。

第五章自律惩戒的组织和实施，包括负责自律惩戒工作的专门机构、中评协和地方资产评估协会自律惩戒工作的职责分工、自律惩戒实施等 9 条内容。

第六章工作纪律，包括自律惩戒工作人员应回避的情形、工作人员应给予处分的情形、工作人员应及时报告的情形 3 条内容。

第七章附则，包括地方资产评估协会参照本办法执行的规定、地方资产评估协会自律惩戒情况报备规定、本办法解释权、本办法施行时间 4 条内容。

(四)《惩戒办法》重要条款说明

1. 关于《惩戒办法》的名称

《惩戒办法》名称为《中国资产评估协会会员执业行为自律惩戒办法》，

明确了执业行为的主体,即中评协会员的执业行为。根据《资产评估法》的规定,资产评估是评估机构及其评估专业人员出具评估报告的专业服务行为。评估专业人员包括评估师和其他具有评估专业知识及实践经验的评估从业人员。从目前行业实际看,评估师已全部是中评协会员,但也有一些评估从业人员暂时还不是中评协的会员。《中国资产评估协会章程》规定,中评协的宗旨是服务会员、维护会员的合法权益、监督会员规范执业,其业务范围是围绕会员开展,行业自律惩戒也是针对会员进行的。因此,《惩戒办法》在名称上对执业行为的主体进行了明确。

2. 关于自律惩戒的范围

会员存在违法违规行为的,应视情节轻重决定是否予以自律惩戒。对情节轻微不需要进行自律惩戒的,按照具体情形采取非自律惩戒措施或其他方式对会员进行批评教育;对情节达到一定程度需要进行自律惩戒的,按照情节较轻、情节较重、情节特别严重三种情形,分别予以相应不同种类的自律惩戒。

需要进行自律惩戒的违法违规行为,是以中评协完成检查(调查)取证工作,违法违规行为事实清晰、证据充分,并已履行了陈述申辩等相关程序为前提。

3. 关于自律惩戒种类的修订

《惩戒办法》将个人执业会员和评估机构会员的自律惩戒种类统一规定为五档,按照严重程度由低到高分别为:警告、严重警告、通报批评、公开谴责、取消会员资格。

(1)将原来对机构进行"限期整改"的惩戒种类取消

"限期整改"在实际中不好操作。首先,由于行业执业质量检查多是对个人和机构上一年出具的评估报告进行检查,发现评估报告的执业质量问题是既成事实且不可更改;其次,整改的具体期限不好确定,且在期限内缺乏可行有效的限制手段;最后,实际工作中,中评协已经对进行惩戒的个人和机构进行了集中学习教育,同时要求所有受到惩戒的个人和机构报送整改措施,实际上已经基本达到了整改效果。

（2）将原来的"行业内通报批评"改为"通报批评"

目前中评协组织开展的行业执业质量自律检查工作，严格按照"双随机、一公开"的原则进行，即在检查过程中随机抽取检查对象，随机选派检查人员，及时将抽查情况及查处结果向社会公开，所以将"行业内通报批评"改为"通报批评"。

（3）将原来对评估师的"吊销注册资产评估师证书"改为"取消会员资格"

一是资产评估师职业资格考试制度改革以后，资产评估师职业资格不再实行注册制，也不再进行登记，故"吊销注册资产评估师证书"的自律惩戒已不再适用；二是目前评估专业人员不仅包括评估师还包括评估从业人员，而对评估从业人员的管理，《资产评估法》要求其接受行业协会的自律管理，即需要加入行业协会成为会员。因此无论是对个人执业会员还是评估机构会员来说，目前最重的自律惩戒种类应该是"取消会员资格"。

4. 关于自律惩戒种类的运用

一般情况下，对需要进行自律惩戒的会员违法违规的执业行为，自律惩戒种类从警告起步，但对会员涉及法律责任的违法违规行为，自律惩戒种类从通报批评起步。《惩戒办法》还增加了对会员减轻、加重惩戒的情形，同时明确对会员存在多种应予惩戒行为的，进行合并处理。

5. 关于自律惩戒的组织和实施

按照《关于从事证券期货相关业务的资产评估机构有关管理问题的通知》（财企〔2008〕81号）文件第9条规定，中国资产评估协会协助财政部、证监会对具有证券评估资格的资产评估机构进行管理。中评协印发的《资产评估执业质量自律检查办法》（中评协〔2006〕98号）第4条规定，中评协负责对具有证券评估业务资格的资产评估机构及其注册资产评估师进行质量检查，必要时也可会同地方协会开展质量检查。根据《中国资产评估协会会员管理办法》第14条的规定，依法取得证券、期货相关业务评估资格的评估机构，经申请核实后，成为特别机构会员。因此，《惩戒办法》规定，中评协负责资产评估行业自律惩戒工作的组织和实施；直接办理特别机构会员及其个人执业会员违法违规行为的自律惩戒；可以委托地方资产评估协会对本辖区非特别机构会员及其个人执业会员的违法违规行为进行自律惩戒。

6. 对已追究行政、民事或刑事责任的会员不再追加自律惩戒

《惩戒办法》对已追究行政、民事或刑事责任的会员不再追加自律惩戒。一是在工作实践中，行业协会对已被追究了行政、民事或刑事等法律责任的个人执业会员和评估机构会员的具体情况，无法及时获取。如果经常出现这种情况而不能及时落实的话，会严重影响《惩戒办法》的严肃性。二是因违法违规执业行为已被追究行政、民事或刑事等法律责任的会员，司法和行政部门已经对其违法违规行为给予了相应的处罚。这种情况协会一般并不具体掌握。因此，一般情况下，除司法、行政部门移交需要协会进行自律惩戒的事项外，其他的不应再追加自律惩戒。另外，因行政、刑事处罚，应予以取消会员资格的，已在《中国资产评估协会会员管理办法》第11条第7款和第8款中明确规定了其会员资格终止，因此，也不再履行取消会员资格的自律惩戒程序。

第四节　科技成果价值评估作用和意义

科技成果是科技工作者辛勤劳动的结晶，也是国家智力支持和物质支持的重要来源，对科技成果进行评价是科技成果转化的必要前置环节，而科技成果价值评估是科技成果评价的关键。科技成果价值评估主要是从成果投资的角度对科技成果价值进行确定，其本质是在科技成果水平评估的基础上，运用资产评估的方法对科技成果价值进行评估。随着我国创新驱动发展战略深入实施，科技成果的经济价值评估日益受到各级政府部门及社会各界的广泛关注。科技成果价值评估有利于满足市场的发展需求，推动科技成果转化应用，促进科技成果走向市场。科技成果评价的作用和意义在于：

一、获得投融资机构及行业认可的"通行证"和"风险证明"

科技成果获得国家认可的权威评价机构、权威专家的公正评价，具有国家认可的评估报告，有利于技术成果在同行业竞争中快速获得行业及客户的

认可，进一步提升企业在市场中的竞争力。并且，权威的专家意见和第三方评价报告，有利于技术成果在市场快速得到推广转化和产业化。

科技成果评价是评判科研项目的研发目标完成情况、成果创新性和应用价值的重要依据。通过对政府招商引资的项目进行事前评价，可以判断项目质量和成熟度、识别项目风险，提高招商引资的效率和质量，降低决策风险。

推动科技成果价值评估与银行信贷、创业投资、上市融资结合。通过科技成果价值评估，为金融机构、社会资本投资科技成果转化提供专业评价报告，增强风险识别能力、防范投资风险。金融机构不只是被动接受科技成果评价结果，也可主动参与科技成果评价，包括对科技成果潜在经济价值、市场估值、发展前景等进行商业化评价，从而更好地发挥多元评价主体的作用。建议完善科技成果价值评估与金融机构、投资公司的联动机制。

二、获得政府及申报政府专项资金的重要佐证材料

评价报告是申报国家、地方及行业科技奖励的重要佐证材料。申报国家、地方及行业科技奖项里会提到的"鉴定结论"或者"成果评价证明"相关材料，均是指第三方机构出具的"科技成果评价报告"等重要佐证材料。

根据政府出台的有关政策，第三方做出科学公正的技术成果评价报告是获得财政科技经费支持的重要依据。

综合科学评测成果创新性、可行性和应用前景的技术评价报告，是申报高新技术企业及政府科技创新专项资金的重要证明材料。

科技成果登记中心是政府资本和社会资本寻找投资的重要途径，通过科技成果价值评估的企业得到资金支持的机会大于没有做过科技成果价值评估的企业。

三、减少交易成本、提高交易效率的有力支撑

在技术交易过程中，交易双方对拟交易的科技成果存在严重的信息不对称，进而严重影响成交。在交易双方均有意向时，往往由于难以达成统一的成交价格，导致交易失败。对拟交易的科技成果委托评价机构进行经济价值评估，可以深入了解成果的创新性、先进性、应用前景、经济价值，评估结

果有助于交易双方决策。技术买方可以从评估过程和评估结果加深对该成果的了解，并决定是否购买；技术卖方可以根据评估结果判断该成果是否适合转化，如果不适合转化，则继续进行研发，而且研发方向和目标更明确，研发的针对性更强；如适合转化，技术卖方可以向有意向的买方提供更多的成果信息，有助于买方筛选项目，节约大量的项目考察时间。双方认可的权威的科技成果价值评估结果可以促进交易双方在成交价格方面达成共识，也可以促进科技成果持有方与合作意向方顺利开展后续科技成果转化相关工作。

通过对技术研发全过程和创新成果的严格评测及全面评价，将科技语言翻译成市场语言，减少交易双方的信息不对称及沟通和谈判成本，提高交易效率。

四、精准识别技术需求、挖掘技术改进方向的重要依据

参与评估的专家往往是国家级行业专家、行业内的企业总工、国内顶级研究机构专家，掌握行业发展情况和国家资助行业的发展方向。科技成果价值评估结合了客观、全面的定量分析与专家定性分析，可诊断出评价对象存在的市场风险和应用前景、技术等方面的不足，为产品和技术改进、提升提供了解决方案，指明了完善的方向，带来正确的发展思路。科学的科技成果价值评估有利于围绕国家发展规划进行产品优化、创新、提升，避免盲目投资，降低投资风险。

科学的科技成果价值评估可以加强科技计划项目的管理。科技成果价值评估属于事后评价，虽然反映的是最终结果一个点的状态，但结果是过程的综合反映。评估结果可以用于：一是对项目管理者而言，可作为项目调整、后续支持的重要依据；二是对相关研发、管理人员和项目承担单位、项目管理专业机构而言，可作为业绩考核的参考依据；三是对项目资助机构而言，可以反映科技计划项目管理过程是否完善，是否到位，是否有改进的空间或余地，因而可以对完善科技计划项目过程管理提出建议。

五、正确决策科技成果落地转化、高效对接技术成果与科研团队的有力保障

由于参与转化的科研成果所处阶段相对较早，距离产业化生产较远，相关成果难以通过未来现金流折现等形式进行量化。因此，对科技成果的价值评估既是转化工作的重点，也是难点❶。

充分发挥科技成果价值评估发现科技成果价值、揭示科技成果转化风险的作用，有效弥补成果供给方和需求方之间的信息"断层"，为企业转化应用科技成果提供参考依据和决策咨询。

对于科技成果转化的投资人来说，在投资科技成果转化时，要进行大量的考察活动，即尽职调查。以投资科技成果转化为目标的科技成果价值评估结果，有助于投资人掌握拟转化科技成果的技术创新性、先进性、复杂性，以及知识产权保护的完整性及力度、实现预期市场价值需要的投入、开发风险程度、经济社会效益和投资回收期等，因而有助于投资人选择投资价值高、投资风险低的科技成果。对于科技成果持有人来说，通过科技成果评价，不仅可以知道其价值，也可以知道如何提高其成熟度来使该成果增值，使之更适于转化。

完善的科技成果价值评估能提高科技管理水平，有助于正确决策科技成果落地转化、优化配置资源，从而促进国家的科技事业健康发展。

通过对政府或企业拟引进的高层次人才的代表性科技成果进行事前评价，能够判断人才的层次，为人才的遴选和支持提供依据。

---

❶　重明创业投资. 科技成果释义及价值评估相关问题：科技成果转化专题调研之一. （2022-08-06）［2023-04-08］. https://mp. weixin. qq. com/s/wOhuKEzJ6J-j3lK_ZJnRfg.

第二章

科技成果价值评估指标体系

第一节　科技成果价值评估维度

一、科技成果价值评估维度现状

习近平总书记在 2016 年中国科学院院士大会和中国工程院院士大会上指出，"要实施分类评价，正确评价科技创新成果的科学价值、技术价值、经济价值、社会价值和文化价值"。具体地，科技成果价值评估应该重点关注以下五个价值维度❶。

1）科学价值。指通过对客观世界各种事物的属性、本质及运动规律的认识，发现其对人类的生存发展所产生的意义。

2）技术价值。通过技术应用，科技成果对技术进步及生产能力发展所能产生的作用。

3）经济价值。科技成果应用或转让所取得的直接或间接经济效益、潜在

---

❶　德勤管理咨询. 构建"科技创新"价值评估体系［J］. 经理人，2021（11）：22-23.

经济效益。

4）社会价值。科技成果应用过程在环境、生态、资源保护、提高人们生活水平、防灾减灾、可持续发展等方面对社会、环境、居民等带来的综合效益。

5）文化价值。科技成果所具有的文化性质或者能够反映文化形态的属性，对于人类与社会所能产生的作用。

科技成果评价是科技活动的指挥棒，对科技事业发展起着至关重要的作用。党的十八大以来，以习近平同志为核心的党中央高度重视科技成果评价工作，习近平总书记多次强调，加快实现科技自立自强，要用好科技成果评价这个指挥棒，遵循科技创新规律，坚持正确评价导向，激发科技人员积极性。近年来，党中央加快推进科技成果评价体系改革，国务院办公厅印发了《关于完善科技成果评价机制的指导意见》等一系列政策文件，着力强化以质量、绩效、贡献为核心的评价导向，促进我国科技创新能力持续提升。

二、科技成果价值评估指导意见

2021 年，国务院办公厅印发《关于完善科技成果评价机制的指导意见》（以下简称《指导意见》），提出了 10 条兼具针对性和实操性的主要工作措施，用于解决科技成果评价中的难点问题[1]。同年 6 月，习近平总书记在主持中央全面深化改革委员会（以下简称中央深改委）第十九次会议时强调，"加快实现科技自立自强，要用好科技成果评价这个指挥棒，遵循科技创新规律，坚持正确的科技成果评价导向，激发科技人员积极性"。《关于完善科技成果评价机制的指导意见》提出的主要工作措施如下：

1）全面准确评价科技成果的科学、技术、经济、社会、文化价值。根据科技成果不同特点和评价目的，有针对性地评价科技成果的多元价值。科学价值重点评价在新发现、新原理、新方法方面的独创性贡献。技术价值重点评价重大技术发明，突出在解决产业关键共性技术问题、企业重大技术创新难题，特别是关键核心技术问题方面的成效。经济价值重点评价推广前景、

---

[1] 参见"科技评价体系建设如何破局？——全国政协教科卫体委员会'完善科技成果评价机制'专题调研综述"，http://www.cppcc.gov.cn/zxww/2022/12/01/ARTI1669868218566212.shtml。

预期效益、潜在风险等对经济和产业发展的影响。社会价值重点评价在解决人民健康、国防与公共安全、生态环境等重大瓶颈问题方面的成效。文化价值重点评价在倡导科学家精神、营造创新文化、弘扬社会主义核心价值观等方面的影响和贡献❶。

2）健全完善科技成果分类评价体系。基础研究成果以同行评议为主，鼓励国际"小同行"评议，推行代表作制度，实行定量评价与定性评价相结合。应用研究成果以行业用户和社会评价为主，注重高质量知识产权产出，把新技术、新材料、新工艺、新产品、新设备样机性能等作为主要评价指标。不涉及军工、国防等敏感领域的技术开发和产业化成果，以用户评价、市场检验和第三方评价为主，把技术交易合同金额、市场估值、市场占有率、重大工程或重点企业应用情况等作为主要评价指标。探索建立重大成果研发过程回溯和阶段性评估机制，加强成果真实性和可靠性验证，合理评价成果研发过程性贡献。

3）加快推进国家科技项目成果评价改革。按照"四个面向"要求深入推进科研管理改革试点，抓紧建立科技计划成果后评估制度。建设完善国家科技成果项目库，根据不同应用需求制订科技成果推广清单，推动财政性资金支持形成的非涉密科技成果信息按规定公开。改革国防科技成果评价制度，探索多主体参与评价的办法。完善高等院校、科研机构职务科技成果披露制度。建立健全重大项目知识产权管理流程，建立专利申请前评估制度，加大高质量专利转化应用绩效的评价权重，把企业专利战略布局纳入评价范围，杜绝简单以申请量、授权量为评价指标。

4）大力发展科技成果市场化评价。健全协议定价、挂牌交易、拍卖、资产评估等多元化科技成果市场交易定价模式，加快建设现代化高水平技术交易市场。推动建立全国性知识产权和科技成果产权交易中心，完善技术要素交易与监管体系，支持高等院校、科研机构和企业科技成果进场交易，鼓励一定时期内未转化的财政性资金支持形成的成果进场，集中发布信息并推动转化。建立全国技术交易信息发布机制，依法推动技术交易、科技成果、技

---

❶ 参见"关于完善科技成果评价机制的指导意见"，http://www.gov.cn/gongbao/content/2021/content_5631817.htm。

术合同登记等信息数据互联互通。鼓励技术转移机构专业化、市场化、规范化发展，建立以技术经理人为主体的评价人员培养机制，鼓励技术转移机构和技术经理人全程参与发明披露、评估、对接谈判，面向市场开展科技成果专业化评价活动。提升国家科技成果转移转化示范区建设水平，发挥其在科技成果评价与转化中的先行先试作用。

5）充分发挥金融投资在科技成果评价中的作用。完善科技成果评价与金融机构、投资公司的联动机制，引导相关金融机构、投资公司对科技成果潜在经济价值、市场估值、发展前景等进行商业化评价，通过在国家高新技术产业开发区设立分支机构、优化信用评价模型等，加大对科技成果转化和产业化的投融资支持。推广知识价值信用贷款模式，扩大知识产权质押融资规模。在知识产权已确权并能产生稳定现金流的前提下，规范探索知识产权证券化。加快推进国家科技成果转化引导基金管理改革，引导企业家、天使投资人、创业投资机构、专业化技术转移机构等各类市场主体提早介入研发活动。

6）引导规范科技成果第三方评价。发挥行业协会、学会、研究会、专业化评估机构等在科技成果评价中的作用，强化自律管理，健全利益关联回避制度，促进市场评价活动规范发展。制定科技成果评价通用准则，细化具体领域评价技术标准和规范。建立健全科技成果第三方评价机构行业标准，明确资质、专业水平等要求，完善相关管理制度、标准规范及质量控制体系。形成并推广科技成果创新性、成熟度评价指标和方法。鼓励部门、地方、行业建立科技成果评价信息服务平台，发布成果评价政策、标准规范、方法工具和机构人员等信息，提高评价活动的公开透明度。推进评价诚信体系和制度建设，将科技成果评价失信行为纳入科研诚信管理信息系统，对在评价中弄虚作假、协助他人骗取评价、搞利益输送等违法违规行为"零容忍"、从严惩处，依法依规追究责任，优化科技成果评价行业生态。

7）改革完善科技成果奖励体系。坚持公正性、荣誉性，重在奖励真正做出创造性贡献的科学家和一线科技人员，控制奖励数量，提升奖励质量。调整国家科技奖评奖周期。完善奖励提名制，规范提名制度、机制、流程，坚决排除人情、关系、利益等小圈子干扰，减轻科研人员负担。优化科技奖励项目，科学定位国家科技奖和省部级科技奖、社会力量设奖，构建结构合理、导向鲜明的中国特色科技奖励体系。强化国家科技奖励与国家重大战略需求的紧密结合，加大对基础研究和应用基础研究成果的奖励力度。培育高水平的社会力量科技奖励品牌，政府加强事中事后监督，提高科技奖励整体水平。

8）坚决破解科技成果评价中的"唯论文、唯职称、唯学历、唯奖项"问题。全面纠正科技成果评价中单纯重数量指标、轻质量贡献等不良倾向，鼓励广大科技工作者把论文写在祖国大地上。以破除"唯论文"和"SCI至上"为突破口，不把论文数量、代表作数量、影响因子作为唯一的量化考核评价指标。对具有重大学术影响、取得显著应用效果、为经济社会发展和国家安全做出突出贡献的高质量成果，提高其考核评价权重，具体由相关科技评价组织管理单位（机构）根据实际情况确定。不得把成果完成人的职称、学历、头衔、获奖情况、行政职务、承担科研项目数量等作为科技成果评价、科研项目绩效评价和人才计划评审的参考依据。科学确定个人、团队和单位在科技成果产出中的贡献，坚决扭转过分重排名、争排名的不良倾向。

9）创新科技成果评价工具和模式。加强科技成果评价理论和方法研究，利用大数据、人工智能等技术手段，开发信息化评价工具，综合运用概念验证、技术预测、创新大赛、知识产权评估以及"扶优式"评审等方式，推广标准化评价。充分利用各类信息资源，建设跨行业、跨部门、跨地区的科技成果库、需求库、案例库和评价工具方法库。发布新应用场景目录，实施重大科技成果产业化应用示范工程，在重大项目和重点任务实施中运用评价结果。

10）完善科技成果评价激励和免责机制。把科技成果转化绩效作为核心要求，纳入高等院校、科研机构、国有企业创新能力评价，细化完善有利于转化的职务科技成果评估政策，激发科研人员创新与转化的活力。健全科技成果转化有关资产评估管理机制，明确国有无形资产管理的边界和红线，优化科技成果转化管理流程。开展科技成果转化尽责担当行动，鼓励高等院校、科研机构、国有企业建立成果评价与转化行为负面清单，完善尽职免责规范和细则。推动成果转化相关人员按照法律法规、规章制度履职尽责，落实"三个区分开来"要求，依法依规一事一议确定相关人员的决策责任，坚决查处腐败问题。

三、《关于完善科技成果评价机制的指导意见》下科技成果评估新要求❶

中央深改委第十九次会议审议《指导意见》时，习近平总书记明确要求，完善科技成果评价机制，关键要解决好"评什么""谁来评""怎么评""怎么用"的问题，这为推动科技成果评价工作指明了方向，提供了根本遵循。《指导意见》最大的亮点就是从需求侧入手，以科技成果评价为指挥棒，激发科研人员积极性。每一条举措都紧盯当前各方面反映的科技成果评价存在的突出问题，直接回应广大科研人员的诉求，体现了改革的问题导向、目标导向和结果导向，有望成为当前科技评价"破四唯""立新标"改革的新样板。

（一）树好评价风向标，加快实现科技自立自强

党的十八大以来，党中央系统部署推进科技评价体系改革，聚焦"四个面向"的科技成果评价导向逐步确立。特别是近年来，我国关于科技成果转化的重磅政策密集出台，如科技成果转化"三部曲"实施，下放成果所有权和使用权、提高奖励比例、鼓励科研人员离岗创业等，带动我国科技创新能力明显提升。

进入新发展阶段，面对新发展格局，国内国际环境发生深刻变化，迫切需要进一步强化原始创新和关键核心技术攻关，加快实现科技自立自强，为高质量发展和国家安全提供支撑。习近平总书记多次强调，要改革科技评价制度，建立以科技创新质量、贡献、绩效为导向的分类评价体系，正确评价科技成果的科学价值、技术价值、经济价值、社会价值、文化价值。

早在 2018 年，中共中央办公厅、国务院办公厅就印发了《关于深化项目评审、人才评价、机构评估改革的意见》，对完善科技项目成果评价提出了明确要求。近年来，"三评"改革取得阶段性成效，但科技成果评价顶层设计和系统部署还不充分，存在不适应高质量发展和科技自立自强的问题。

然而，当前科技成果评价机制依然存在一些突出问题。例如，科技成果

---

❶ 参见"健全分类评价体系　从源头力促科技成果转化"，http://guoqing.china.com.cn/2021-08/04/content77671560.htm。

评价的导向作用和价值发现作用发挥不够，对促进产出高质量成果和激励创新主体、科研人员积极性的效果不充分；多维度、分类的科技成果评价体系也不健全，指标单一化、标准定量化、结果功利化的问题不同程度存在，急需深化改革加以破除。因此，《指导意见》的出台将深入推进科技评价改革，重在解决成果评价导向问题，即如何从过于重视论文数量、项目承担数量等量化指标，真正回归到实际贡献、质量、能力等方面。

（二）怎样从源头促进成果转化？答好关键"四问"

解决好"评什么""谁来评""怎么评""怎么用"的问题，是科技成果评价改革绕不过去的必答题。

这4个问题围绕改革科技成果评价机制的关键核心要素而提出，要解决这一系列问题，需从科技成果评价全链条通盘考虑。针对"评什么"的问题，《指导意见》明确，要健全完善科技成果分类评价体系，针对基础研究、应用研究、技术开发和产业化等不同类型成果的特点和评价目的形成细化的评价标准，全面准确评价科技成果的科学、技术、经济、社会、文化价值。

具体到科技成果"谁来评"，《指导意见》亦有相应细则。加快构建政府、社会、市场、金融投资机构等共同参与的多元评价体系。要积极发展市场化评价，规范第三方评价，按照"谁委托科研任务谁评价""谁使用科研成果谁评价"的原则，根据科研成果类型分别提出不同评价主体的要求。

那么，如何才能给科技成果"打好分"？一方面，要加强中长期评价、后评价和成果回溯，健全科技成果评价流程和管理制度；另一方面，积极探索科技成果评价的理论和方法，使成果评价能体现并符合科研渐进性和成果阶段性规律。如《指导意见》所述，要制定科技成果评价通用准则，细化具体领域评价技术标准和规范，利用新技术手段开发信息化评价工具，推广标准化评价。"科技成果评价的主要目的，还是为了正确看待成果价值，推动科技成果转化应用。"解敏指出，《指导意见》要求进一步拓宽应用场景，在重大项目和重点任务实施中运用成果评价结果，坚决反对"为评而评"、滥用评价结果，防止与物质利益过度挂钩。

（三）不搞评价标准"一刀切"，完善尽职免责机制

近年来，科技成果转化呈现"量质齐升"的良好局面，但繁荣的背后暗藏隐忧。不同类型科技成果的分类评价体系尚未建立，数论文、数专利等简单量化、重数轻质倾向依然存在，部分科研人员重发表论文，轻成果转化；相关政策提出建立健全尽职免责机制，但缺少具体标准，影响单位负责人决策积极性。完善科技成果分类评价体系，正是《指导意见》的另一个亮点。对于基础研究、应用研究、技术开发等不同类型成果，选择不同的评价主体和专家，采取不同的评价方法和指标，意在从源头破除"四唯"指标。

中科院在评价基础研究成果时，邀请国际国内顶尖专家开展同行评议，重点评价科研成果是否解决重大科学问题、提出原创理论与方法、开辟新的研究领域等；在应用研究成果与技术研发成果方面，兼顾市场、社会和第三方评价，评价是否突破关键核心技术、形成系统解决方案等。

如果完善分类评价体系是从源头破解科技成果转化的老难题，那么，完善科技成果转化尽职免责机制，则从末端亮出硬核举措。《指导意见》第 10 条要求，健全科技成果转化有关资产评估管理机制，开展科技成果转化尽责担当行动，鼓励高等院校、科研机构、国有企业建立成果评价与转化行为的负面清单。

需要注意的是，目前，高校、科研机构、国有企业的科技成果需要按照国有资产相关规定进行管理，涉及评估、审批、备案、问责等多个问题。鼓励科研单位探索建立负面清单，在未牟取非法利益前提下，可免除科技成果交易定价、自主决定资产评估等方面相关决策责任。文件从"限制"和"禁止"两个层面着手来控制风险，消除高校、科研院所、国有企业担心国有资产流失的顾虑，激发科研单位科技成果转化积极性和科研人员干事创业的主动性、创造性。

第二节　科技成果价值评估指标体系构建

一、科技成果价值评估指标体系构建原则

指标体系的设计过程是一个对评价对象总体数量特征的认识逐步深化、

逐渐清晰的过程，科学、合理、适用的指标体系是做好评价工作的前提❶。科技成果评估的影响因素是多层次的动态系统，涉及评价绩效的因素众多，结构复杂，只有从多个角度和层面来设计指标体系，才能准确反映科技成果的水平。在建立指标体系时需要考虑如下原则：

（1）科学性原则

指标体系的科学性是确保评价结果准确合理的基础。因此，设计科技成果评估综合指标体系时要考虑到具体的影响要素及指标结构整体的合理性，从不同侧面设计若干反映科技成果不同用途和需求的指标，并采用科学的方法进行数据处理，以使评价结果科学反映实际。

（2）系统性原则

科技成果评估指标体系应该能够用于全面评估科技项目的效益和风险等。既要使评估指标具有足够的涵盖面，能够反映充分的信息量，又要保证评估指标间相互独立。

（3）客观性原则

系统、准确地反映科技成果的客观实际情况，对各项评估指标的定义应尽可能明确，界限要清晰。

（4）可比性原则

建立科技成果评估指标体系的目的是要对科技成果进行综合评估，评估指标体系中每个指标的含义、适用范围必须明确，以确保能够对评估结果进行横向比较，从而保证指标的可比性。

（5）整体优化原则

科技成果的综合评估要建立一套各有侧重、相互联系的指标体系，且指标不能太多，以免失去评估的重点。因此，突出有限目标，尽量选有代表性的综合指标。同时，应根据评价目的、评价精度决定指标的数目❷。

---

❶ 吴良峥，林秀浩，梁燕妮. 电网科技项目技术经济评价模型研究［J］. 中国电力企业管理，2020（9）：80-81.
❷ 于成刚，梅姝娥. 科技项目后评价方法及指标体系研究［J］. 科技经济市场，2008（6）：84-85.

二、科技成果价值评估指标体系内容

（一）评估影响因素的识别

为了实现对科技成果的科学价值、技术价值、经济价值、社会价值和文化价值的全面评价，在科技成果评估维度的约束基础上，总结概括了以下几类科技成果评估影响因素。

1. 技术因素

作为影响科技成果价值的内部因素，技术水平的高低是科技成果内在本质的体现。影响科技成果的技术因素包括技术成熟度（稳定性和可靠性）、技术创新性、技术难易程度、科研投入与适用性等因素。进行科技成果评估时我们要充分考虑技术的稳定性和可靠性等，只有稳定的技术才值得转化。技术的创新性也是价值评估时要考虑的因素，它直接影响科技成果在产品发明、工艺发明过程中的重要性。

2. 市场因素

影响科技成果的市场因素很多，科技成果投入市场时要考虑当前国内目标市场、未来国内预测市场、当前国际目标市场、未来国际目标市场这四个市场的规模，也要考虑市场对于投放科技成果的需求量，当科技成果成为市场最紧俏的产品时，科技成果的价值也就很高。此外，还需要考虑当前市场所处的市场周期，处于未来市场、早期成长市场与朝阳市场的行业可以进入，处于长尾市场和夕阳市场的行业不建议进入。在进行目标市场上的主要竞争对手分析及竞争优势分析时，不仅要考虑横向的竞争对手，还要考虑纵向未来的相同类型的科技成果，一旦新型的科技成果出现，原科技成果很大可能会被迫退出市场。

3. 效益因素

相比科技成果的技术因素与市场因素，效益因素属于科技成果价值的外部影响因素。效益因素包括科技成果经济效益和社会效益两方面。从经济效益和社会效益两方面分析，效益因素主要是指科技成果能够为企业所带来经济收入和社会影响力等。在经济效益中主要考虑对预期销售收入的影响、对成本的影响、投入产出比、投资回报率等。而社会效益更多的是考虑环境影响、增加就业、推动地区发展、优化资源配置等宏观影响。

在科技成果研发阶段，应着重考虑科技成果对加强相关领域其他项目的开展与提升服务技术水平等的影响，并兼顾科技投入因素。此阶段是整个过程当中科技投入最多的阶段，除了大量科研经费的投入，还需投入高技术水平科研人员，主要用销售收入、投入产出比和投资回收期等衡量产出和投入的关系。

在市场开发阶段，主要考虑市场对科技成果的影响，市场规模、市场竞争对手会直接影响科技成果的供需关系，从而影响科技成果产品的价格，进而影响科技成果的价值。总之，要充分考虑经济效益和社会效益这两个因素。

4. 成果因素

成果因素直接影响科技成果价值评估的方法，成果价值的高低决定了一个地区的经济发展情况。成果水平对科技成果价值评估也有着广泛而深远的影响，它是科技成果价值评估的重要影响因素之一，直接关系到科技成果价值评估的评估方式、未来发展、实验能力等。

科技成果既包括生产技术，也包括管理技术等。首先，从成果因素来看，较高的成果水平下，可以发展高水平科技成果价值评估。其次，成果水平的提高意味着技术水平的提高，对于提高行业技术进步具有深远影响。最后，成果水平的提高也意味着行业整体综合技术能力的提高，在一定方式上提高行业整体的机械化、智能化水平，为其他科技成果研发奠定良好的基础。成果的创新使得科技成果价值评估不断发展，有效地推动行业发展能力和聚集效应的提高，成果的创新也为技术在中国发展提供了新的活力。

（二）科技成果价值评估指标

对于不同的科技成果，应根据其评估目的和需求，评估不同维度的价值，建立合适的指标体系❶。例如，科技成果知识产权价值的影响因素很多，据此

---

❶　参见"科技成果知识产权评估指标体系及评估方法"，https://kjt. nmg. gov. cn/kjdt/mtjj/202204/t20220412_2036553. html。

建立科技成果知识产权价值的 6 个维度的评估指标体系，即知识产权指标、技术团队指标、技术指标、经济指标、风险指标、计算机软件特有指标，将这些分别作为科技成果知识产权价值评估指标体系的一级指标，再根据影响科技成果知识产权价值的功能性和重要性程度，细分构建出一级指标项下的多个二级指标，如图 2-1 所示。

图 2-1　科技成果评估指标体系

（三）科技成果价值评估指标体系建立方法

基于科学的科研项目执行情况建立评估指标体系，选择适合的方法确定评估指标权重。传统研究运用专家咨询法、层次分析法（AHP）、系统分析法等方法，建立科技成果价值评估方法；结合系统分析法对系统中诸要素进行量化分析，建立执行情况评估模型；结合典型案例分析，对评估指标体系及评估方法进行验证，进一步修改完善其评估指标及评估方法。

1. 专家咨询法[1]

（1）专家遴选

咨询专家遴选条件：①具有本科及以上学历，中级及以上职称；②从事相关行业管理工作十年以上，且对科技成果评估有深入了解；③对研究具有一定的积极性；④自愿参与研究。

（2）专家咨询步骤

专家咨询共分为两轮来进行。①第一轮专家咨询。在前期形成评价指标体系框架的基础上设计专家咨询函。包括：卷首语，如研究背景、目的、意义、发件人联系方式等；专家基本信息，如姓名、性别、学历、职称、专家对问题的判断依据等；咨询问卷，如填表说明、问卷具体各维度及维度下条目、条目重要性（Likert5级评分，"非常不同意"到"非常同意"，记 $1 \sim 5$ 分）以及专家意见栏（修改或增减栏）。②第二轮专家咨询。整理第一轮专家咨询意见，并结合小组讨论结果对问卷进行修改，汇总形成专家意见，连同修改后的问卷再次发给专家。

（3）资料整理与分析

使用 Excel 2017 和 SPSS 26.0 对两轮专家咨询结果数据进行整理与分析，计数资料采用频数、百分比表示，计量数据使用 $\bar{x}$、CV 表示。专家咨询的科学性和可靠性指标如下。

专家积极系数：专家积极系数（C_j）表示专家接受咨询的积极程度，一般用咨询问卷的回收率来表示，C_j＝问卷回收数/问卷发放数×100%。回收率

---

[1] 黄莉. 多学科诊疗（MDT）模式评价指标体系构建及应用 [D]. 西南医科大学，2022.

越高，表示专家积极程度越好，C_j>70%则表示专家积极性较好。

专家权威程度：指专家针对某问题的权威程度，用专家权威系数（C_r）表示，其对评价的可靠性影响显著。$C_r = (C_a + C_s)/2$，C_a为专家判断依据，C_s为专家熟悉程度，一般C_r>0.7代表专家权威性较好。专家对问题的判断依据主要分为实践经验、理论分析、参考国内外文献、直观感受4个维度，按照大、中、小三个程度分别赋值为：实践经验（0.5，0.4，0.3），理论分析（0.3，0.2，0.1），参考国内外文献（0.1，0.1，0.1），直观感受（0.1，0.1，0.1）。专家对问题的熟悉程度分为：很熟悉（0.9），较熟悉（0.7），一般熟悉（0.5），不太熟悉（0.3），不熟悉（0.1）共5个层次。

专家协调程度：指专家对指标是否存在分歧，通常用变异系数（C_V）和肯德尔和谐系数（W）表示。变异系数（C_V）表示专家对某指标重要性、计算公式合理性以及收集方法可操作性的协调程度，系数大小与协调程度成反比，通常认为变异系数应小于0.2。根据专家咨询法协调系数标准，肯德尔和谐系数（W）取值范围为0~1，系数大小与协调程度成正比。

2. 层次分析法 ❶

（1）定义

层次分析法（Analytic Hierarchy Process，AHP），是美国数学家 T. L. Saaty 于20世纪80年代提出的。该方法综合整理主观判断，把定量分析和定性分析进行有机结合，是处理难以用定量分析解决问题的可选择的有效方法。通过该方法对评价指标体系各级指标进行分析和评价，确定权重并通过一致性检验，再通过乘积法将各级指标联合赋权，从而更清晰地说明各级指标对总目标层的重要性及贡献率。

（2）权重确定方法

1）构建指标间两两比较矩阵。根据文献研究法、质性访谈法以及专家咨询法确定了指标体系后，运用层次分析法，将每一层指标进行相互比较，采用Satty1~9标度方法分别对各级指标进行两两比较赋值。已知A、B两因素，

❶ 卜伟，郑园园，陈军冰. 江苏高校科技创新政策绩效评价：基于层次分析-熵值法和K-means聚类分析法［J］. 科技管理研究，2022，42（24）：118-124.

如果 A 与 B 相比，两者"具有相同的强度"，标度赋值为 1。如果 A 与 B 相比，A 比 B"影响稍强"，则标度赋值为 3；A 比 B"影响很强"，标度赋值为 5；A 比 B"影响特别强"，标度赋值为 7；A 比 B"影响绝对强"，则用 9 标度（即赋值 9）。反之，B 与 A 相比，其赋值则为上述标度值的倒数，即 1、1/3、1/5、1/7、1/9。若 A、B 两因素比较的结果介于上述两种判断值之间，可用 2、4、6、8 作为中间赋值。Satty1~9 比较标度见表 2-1。

构建两两比较矩阵为：

$$\boldsymbol{A}_{ij} = (a_{ij})_{n \times n} = \begin{bmatrix} a_{11} & \cdots & a_{1n} \\ \vdots & & \vdots \\ a_{n1} & \cdots & a_{nn} \end{bmatrix} \tag{2-1}$$

表 2-1 Satty1~9 比较标度

标度赋值	含义
1	第 i 个因素与第 j 个因素具有相同的强度
3	第 i 个因素比第 j 个因素的影响稍强
5	第 i 个因素比第 j 个因素的影响很强
7	第 i 个因素比第 j 个因素的影响特别强
9	第 i 个因素比第 j 个因素的影响绝对强
2、4、6、8	第 i 个因素比第 j 个因素的影响介于两相同水平之间

2）计算权重向量。指标间两两比较矩阵建立后开始计算向量值，本研究采用相对来说比较快捷的"和积法"计算。

第一步，将矩阵归一化，见式（2-2）；

第二步，矩阵按行相加，见式（2-3）；

第三步，得到特征向量，见式（2-4）；

第四步，计算最大特征值，见式（2-5）；

第五步，进行一致性检验，见式（2-6）。

$$\bar{a}_{ij} = \frac{a_{ij}}{\displaystyle\sum_{k=1}^{n} a_{kj}} (i, j = 1, 2, \cdots, n) \tag{2-2}$$

$$\bar{w}_i = \sum_{j=1}^{n} a_{ij}(i = 1, 2, \cdots, n) \tag{2-3}$$

$$\bar{\boldsymbol{w}} = [\bar{w}_1, \bar{w}_2, \cdots, \bar{w}_i]^{\mathrm{T}} \tag{2-4}$$

$$\lambda_{\max} = \sum_{i=1}^{n} \frac{(A\boldsymbol{w})_i}{nw_i} \tag{2-5}$$

$$CI = \frac{(\lambda_{\max} - n)}{(n-1)}, \ CR = \frac{CI}{RI} \tag{2-6}$$

对于 1~9 阶矩阵，RI 值如表 2-2 所示。只有当 $CR<0.1$ 时，才判断矩阵具有一致性，反之则需要进行调整。

表 2-2　判断矩阵一致性指标

阶数	1	2	3	4	5	6	7	8	9	10	11	12
RI	0	0	0.5	0.89	1.12	1.26	1.36	1.41	1.46	1.49	1.52	1.54

（3）确定评价指标的权重

不同指标对目标值的价值贡献不同，所以需通过确定各级指标的权重值来衡量其对主目标的重要程度。运用层次分析法对一级、二级和三级指标进行权重确定，再采用乘积法计算整体评价指标体系的最终组合权重。

3. 评价指标体系质量控制

（1）评价指标体系框架确定

在评价指标体系框架确定中，应广泛查阅政策文件及相关文献，不断完善修改，多方面分析科技成果价值评估体系实施前、实施中以及实施后的整体构架和具体组成要素，保证各维度的合理性。

（2）专家咨询

在专家咨询过程中，先采取质性访谈的方式对备选指标进行修改完善，同时对咨询专家设置遴选标准，相对保证了专家意见的有效性、可靠性。

（3）数据分析

在数据分析过程中，专家咨询问卷的所有数据均由双人录入，发现问题及时核查，确保数据的真实性。

(四) 科技成果评估案例分析

1. 农业科技成果评估——牧草新品种❶

(1) 研究背景

植物新品种权作为一种可物化的、具有明确知识产权的农业生产类成果，对促进农业生产进步具有不可替代的作用。《中国科技统计年鉴》数据显示，我国仍有大量的植物新品种权尚未进行转化交易，有很大的转化交易潜力和市场需求。同时，植物新品种权的转化交易不仅能够带来巨大的经济效益，同时也会对生态环境和区域经济带来巨大的影响。因此，本书以中国农业科学院选育的牧草新品种"中藜一号"植物新品种权为例进行农业科技成果综合水平评价方法实证研究，其中，中国农学会对研究提供了关键的数据支撑和宝贵的专家咨询意见。

"中藜一号"为中国农业科学院历经7年选育出的牧草新品种，该牧草新品种的产量和蛋白质含量高，家畜适口性好，适宜黄河以北区域种植。当前市场存在几种类似植物新品种，但是具有高产、高蛋白、低皂苷特性的牧草新品种还未见报道。在国内，这是首次将藜麦用于畜牧业饲养，因此该新品种的成功选育对我国种质资源和畜牧业的发展起到了巨大的推动作用，同时对于提高农产品的质量和产量也具有重要的经济和社会意义。

(2) 评价指标体系影响因素

充足和高质量牧草的供给是畜牧业有序发展的基础。牧草的质量不仅影响家畜的生长和发育，而且关系到畜产品的产量和质量安全。因此，牧草新品种的品质不仅表现在其自身的生长和发育特性上，还会体现在对畜牧养殖的影响上。根据农业科技成果综合水平评价框架，牧草新品种水平的影响因素主要包括技术因素、市场因素和效益因素三方面。通过对我国牧草新品种生命周期变化规律的分析，可知影响牧草新品种技术水平的主要因素如图2-2所示。

---

❶ 陈雪瑞. 农业科技成果价值评估方法与系统模型研究 [D]. 中国农业大学, 2018.

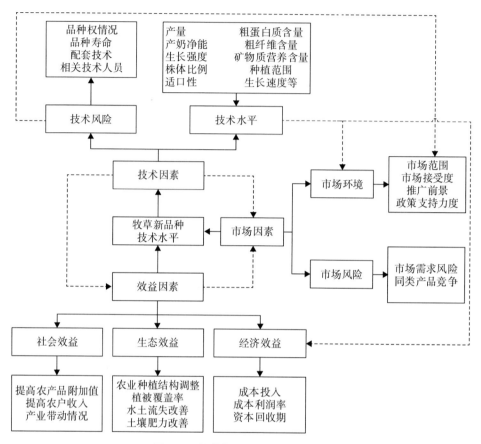

图2-2　牧草新品种水平影响因素

由图2-2可知，牧草新品种水平的影响因素如下：

1）技术因素。

技术风险：品种权情况、品种寿命、配套技术以及相关技术人员的支撑情况。

技术水平：产量、适口性、粗蛋白质含量、粗纤维含量、矿物质营养含量、水分、灰分、无氮浸出物、有害成分、可栽培性、生长强度、生长速度、株体比例、产奶净能、抗旱、抗寒、耐瘠薄、耐盐碱、抗病、种植范围、全生育期。

2）效益因素。

经济效益：成本投入、成本利润率、资本回收期。

生态效益：农业种植结构调整、植被覆盖率、水土流失改善、土壤肥力改善。

社会效益：提高农产品附加值、提高农户收入、产业带动情况。

3）市场因素。

市场环境：市场范围、市场接受度、推广前景、政策支持力度。

市场风险：市场需求风险、同类产品竞争。

（3）评价指标体系指标构建

1）评价指标的初选。首先，按照指标的选取标准定性选取水平评价指标。当指标满足其中某些标准就入选时，容易出现指标体系过于庞大、指标间线性关系显著的问题；当要求所有指标必须满足所有标准才能入选时，会带来指标过少、指标间关联性小的现象。因此，在对指标进行初选时，从实际情况出发，以最重要的准则为基准，将一些无法量化、不敏感和不稳定的指标剔除，然后通过专家打分确定各个指标的标准符合度。根据标准符合度，可栽培性、生长强度、品种寿命、生长速度、株体比例、产奶净能、种植结构调整、提高农产品附加值、产业带动情况被直接删除。结合文献分析，选定牧草新品种水平评价指标体系的框架，形成了四层架构、包含 32 个指标的牧草新品种水平评价指标体系，见表 2-3。

表 2-3　指标标准符合度

影响因素	指标	标准符合度	指标	指标符合度
技术因素	产量	MVPTCRS	生长速度	MVPTCR
	适口性	MVPTCS	株体比例	MPTCRS
	粗蛋白质含量	MVPTCS	产奶净能	MPTCS
	粗纤维含量	MVPTCS	抗旱	MVPTCS
	矿物质营养含量	MVPTRCS	抗寒	MVPTCS
	水分	MVPS	耐瘠薄	MVPTCS
	灰分	MVPS	耐盐碱	MVPTCS
	无氮浸出物	MVPS	抗病	MVPTCS
	有害成分	MVPTCRS	全生育期	MVPTCRS
	可栽培性	MPTCRS	种植范围	MVPTCRS
	生长强度	MPCRS	配套技术	MVTCS
	品种权情况	MVTCS	相关技术人员	MVTCS
	品种寿命	VPTS		

影响因素	指标	标准符合度	指标	指标符合度
效益因素	成本投入	MVPTCS	水土流失改善	MVPTCS
	成本利润率	MVPTRS	土壤肥力改善	MVPTCS
	资本回收期	MVPTRS	提高农产品附加值	MPTCRS
	农业种植结构调整	MPTS	提高农户收入	MVPTRS
	植被覆盖率	MVPTCS	产业带动情况	MPTRS
市场因素	市场接受度	MVPTRS	政策支持力度	MVTRS
	市场范围	MVPTCRS	市场需求风险	MVTCS
	推广前景	MVPTRS	同类产品竞争	MVPTCS

2）指标权重的确定。邀请5位专家对牧草新品种同一层次指标的相对重要性进行判断，获得判断矩阵，通过求最大特征根得到指标的权重向量，最后用层次分析法得到每个指标的整体权重，见表2-4。

表2-4　指标权重表

			GI	AI_1	AI_2	AI_3			
			1.0000	0.3920	0.3450	0.2630			
		AI_{11}	AI_{12}	AI_{21}	AI_{22}	AI_{23}	AI_{31}	AI_{32}	
		0.2693	0.1227	0.1618	0.0935	0.0897	0.1481	0.1149	
CI_1	CI_2	CI_3	CI_4	CI_5	CI_6	CI_7	CI_8	CI_9	CI_{10}	CI_{11}
0.0272	0.0267	0.0241	0.0236	0.0178	0.0152	0.0149	0.0156	0.0202	0.0073	0.0081
CI_{12}	CI_{13}	CI_{14}	CI_{15}	CI_{16}	CI_{17}	CI_{18}	CI_{19}	CI_{20}	CI_{21}	CI_{22}
0.0080	0.0073	0.0125	0.0197	0.0210	0.0442	0.0458	0.0328	0.0600	0.0591	0.0427
CI_{23}	CI_{24}	CI_{25}	CI_{26}	CI_{27}	CI_{28}	CI_{29}	CI_{30}	CI_{31}	CI_{32}	
0.0311	0.0323	0.0300	0.0897	0.0379	0.0506	0.0320	0.0275	0.0539	0.0610	

3）评价指标体系的优化与选择。首先，根据设定的指标体系框架和指标的定性选择结果，构建关系矩阵和入选标准度矩阵；然后，根据主成分原理，选取0.85作为指标体系完备性的标度，保证指标体系的完整性。综合上述约束条件，目标函数取最优解时，保留相应指标；最终，四层结构的牧草新品种水平评价指标体系形成，见表2-5。

表 2-5 牧草新品种水平评价指标体系

一级指标	二级指标	三级指标
技术因素（AI_1）	技术水平（AI_{11}）	产量（CI_1）
		适口性（CI_2）
		粗蛋白质含量（CI_3）
		粗纤维含量（CI_4）
		矿物质营养含量（CI_5）
		有害成分（CI_6）
		抗旱（CI_7）
		抗寒（CI_8）
		耐瘠薄（CI_9）
		耐盐碱（CI_{10}）
		抗病（CI_{11}）
		全生育期（CI_{12}）
		种植范围（CI_{13}）
	技术风险（AI_{12}）	品种权情况（CI_{14}）
		配套技术（CI_{15}）
		相关技术人员（CI_{16}）
效益因素（AI_2）	经济效益（AI_{21}）	成本投入（CI_{17}）
		成本利润率（CI_{18}）
		资本回收期（CI_{19}）
	生态效益（AI_{22}）	植被覆盖率（CI_{20}）
		水土流失改善（CI_{21}）
		土壤肥力改善（CI_{22}）
	社会效益（AI_{23}）	提高农户收入（CI_{23}）
市场因素（AI_3）	市场环境（AI_{31}）	市场范围（CI_{24}）
	市场风险（AI_{32}）	市场需求风险（CI_{25}）
		同类产品竞争（CI_{26}）

4）模糊评价结果。基于指标体系，对牧草新品种进行模糊综合评价，相关结果见表 2-6。

表2-6　牧草新品种模糊综合评价结果

指标水平	评估方法	评价结果
一级指标	一级模糊评价	根据一级模糊评价结果可知： 技术水平指标评价结果为优； 技术风险指标评价结果为优，说明该牧草新品种的技术风险很小； 经济效益指标评价结果为优，该指标反映该牧草新品种的经济效益甚佳； 生态效益指标的评价结果为优，表示该牧草新品种对改善生态环境作用显著； 当社会效益指标中概率为最大值时，可以发现该牧草新品种的社会效益最佳； 市场环境指标最有可能的评价结果为优，说明该牧草新品种拥有良好的市场环境； 市场风险指标反映了市场上存在着一定数量的同类竞争产品，但是该牧草新品种具有较大的竞争优势
二级指标	二级模糊评价	根据二级模糊综合评价结果可知： 牧草新品种的相关技术因素的评价结果为优，说明该牧草新品种的技术水平较高，具有较好的技术先进性； 与技术因素相似，效益因素的评价结果也为优，说明购买该牧草新品种可以获得较好的效益； 牧草新品种的市场因素指标整体评价结果为优，说明该新品种的市场环境良好，具有较强的市场竞争力
三级指标	三级模糊评价	根据评价结果向量中各项的数值最大概率出现在"优"，可知该牧草新品种的水平为优

　　牧草新品种出让方曾委托中国农学会科技评价处组织专家团队对该牧草新品种进行会议评价，评价结果为优。中国农学会在组织会议评价时邀请了相关领域的顶级专家，对成果进行了全面的评价，其评价结果具有较高的科学性和权威性。这也说明提出的农业科技成果水平评价模型与方法具有一定的准确性和可靠性。

2. 电网科技成果价值评估——南方电网公司❶

(1) 公司概况

依据南方电网公司的电网科技成果，选择其中30项科技成果作为研究对象，如基于大数据的电网态势感知关键技术、基于安全域的南方电网全过程运行模式评估技术、远程服务通道集中管理技术、基于分布式架构的移动应用中间件的研究与开发、新型环保绝缘气体的理化特性与绝缘性能及应用技术、电网企业碳资产管理关键技术与机电电磁混合仿真并行计算平台等。

(2) 指标权重分析

根据重大关键技术与运营性科技成果价值评估指标体系中的层次结构关系，构造 $B-(B_1 \sim B_3)$、$B_1-(B_{11} \sim B_{16})$、$B_2-(B_{21} \sim B_{27})$、$B_3-(B_{31} \sim B_{32})$、$B_{13}-(B_{131} \sim B_{132})$、$B_{16}-(B_{161} \sim B_{162})$、$B_{31}-(B_{311} \sim B_{314})$、$B_{32}-(B_{321} \sim B_{324})$ 8个子指标体系。将8个子指标体系使用考虑主观约束的高斯混合模型计算权重，见表2-7。

通过对权重分析方法的改进，将主观评估与客观评估有效地结合起来，最终确定科技成果评估模型中各指标的权重。表2-7显示了各指标的权重，由结果可以看出此类科技成果技术指标权重最大为0.4796，其次市场指标权重是0.3158，效益指标权重最小为0.2046。

表2-7　重大关键技术与运营性技术指标体系权重

二级指标	权重	三级指标	权重	四级指标	权重
B_1 技术指标	0.4796	B_{11} 技术成熟度	0.2306		
		B_{12} 技术先进性	0.1559		
		B_{13} 技术难度与复杂程度	0.1325	B_{131} 技术难易程度	0.5928
				B_{132} 技术掌握程度	0.4072
		B_{14} 技术创新性	0.1203		
		B_{15} 技术适应性	0.1559		
		B_{16} 科研投入	0.2048	B_{161} 人员投入	0.2498
				B_{162} 经费投入	0.7502

❶ 李建利. 基于标尺竞赛和数据挖掘的电网科技成果价值评估研究 [D]. 华北电力大学, 2021.

续表

二级指标	权重	三级指标	权重	四级指标	权重
B_2 市场指标	0.3158	B_{21} 市场规模	0.2051		
		B_{22} 市场需求量	0.2402		
		B_{23} 市场周期	0.1019		
		B_{24} 市场竞争力	0.1019		
		B_{25} 市场寿命	0.1420		
		B_{26} 市场推广速度	0.1126		
		B_{27} 风险性	0.0963		
B_3 效益指标	0.2046	B_{31} 经济效益	0.6328	B_{311} 预期销售收入	0.2345
				B_{312} 投入产出比	0.2638
				B_{313} 投资回报率	0.3012
				B_{314} 对成本的影响	0.2005
		B_{32} 社会效益	0.3672	B_{321} 环境影响	0.2824
				B_{322} 增加就业	0.2205
				B_{323} 推动地区发展	0.2312
				B_{324} 推动电网进步	0.2659

（3）指标体系数据分析

根据电网公司的数据，基于数据挖掘流程筛选出各电网科技成果的高质量数据，然后转化成对价值评估有效的数据。数据挖掘分析流程如图2-3所示。在标尺竞赛的基础上，创建由电网工程师和经济专家组成的分值评估小组，并将高价值电网科技成果作为低价值成果评估的标准。通过基于权重优化后的层次聚类方法得到指标体系分值，再结合指标权重得到技术指标、市场指标、效益指标等指标的分值，具体结果见表2-8。

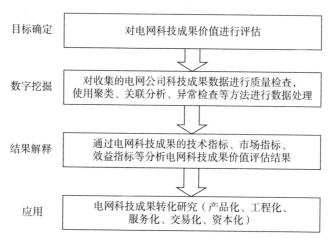

图 2-3 数据挖掘分析流程

表 2-8 30 项电网科技成果的指标体系分值

序号	技术指标	市场指标	效益指标
1	8. 36	8. 27	8. 14
2	4. 18	7. 31	5. 90
3	4. 85	5. 39	7. 95
4	3. 28	3. 14	3. 32
5	3. 49	5. 93	6. 05
6	5. 65	2. 92	4. 18
7	6. 97	5. 78	6. 13
8	5. 88	5. 78	5. 90
9	7. 48	5. 98	4. 59
10	3. 33	6. 03	5. 83
11	9. 16	8. 56	8. 14
12	4. 61	7. 47	6. 59
13	5. 84	5. 59	7. 21
14	3. 39	3. 20	2. 98
15	3. 50	5. 76	6. 11
16	5. 82	3. 18	4. 52
17	7. 07	6. 06	6. 12

序号	技术指标	市场指标	效益指标
18	5.83	6.10	6.17
19	7.50	6.33	4.17
20	3.15	6.03	5.88
21	7.30	6.09	4.31
22	4.36	6.30	6.20
23	8.26	8.48	7.98
24	5.60	6.89	6.79
25	5.88	6.06	6.86
26	5.78	3.50	2.93
27	3.97	5.96	6.24
28	5.96	3.35	5.07
29	7.14	6.39	6.46
30	6.33	6.12	6.69

(4) 评估结果分析

从表2-8中可以看出，在技术指标方面，价值排名前五位的科技成果分别是第11项、第1项、第23项、第19项和第9项，评估价值分别为9.16、8.36、8.26、7.50和7.48；在市场指标方面，价值排名前五位的科技成果分别是第11项、第23项、第1项、第12项和第2项，评估价值分别为8.56、8.48、8.27、7.47和7.31；在效益指标方面，价值排名前五位的科技成果分别是第1项、第11项、第23项、第3项和第13项，评估价值分别为8.14、8.14、7.98、7.95和7.21。

(5) 电力行业科技成果价值评估模型与传统模型的比较

传统的电网科技成果价值评估主要采用成本定价法、收益定价法、市场定价法等，在评估时通常将科技成果视为一个整体的黑箱，已经证明这样的评估不能充分反映科技成果的价值，而且通常卖方会高估价值。本书则是将每个科技成果细分为多个子系统，并将每个子系统引入标尺竞赛，通过数据挖掘评估电网科技成果价值。

与传统的买方和卖方价值评估相比，用该方法计算的评估价值较准确，避免了卖方评估价值过高或买方评估价值过低的问题。受买方和卖方因素影响，从整体上系统、有目的地评估时不可避免会出现偏差，这正是传统方法在黑箱模型中的缺点。利用本书提出的研究方法，可以与实际相联系，更真实、准确地评估科技成果的价值。

第三章

科技成果价值评估方法

第一节　市场法——基于可比的市场交易

一、市场法概述

市场法也称市场价格比较法，是指通过比较被评估资产与最近售出类似资产的异同，并将类似资产的市场价格进行调整，从而确定被评估资产价值的一种资产评估方法。运用市场法的两个基本前提是：具有公开活跃的交易市场；存在与估值日期相近的类似资产的交易。

市场法是基于替代原则或假设，即任何理性的决策者都不会为一项资产支付比购买其他类似替代资产高的价格❶。采用市场法评估资产价值的关键在于，要准确选择合适的参照物，重点需要注意如下事项：一是要选择与待评估资产相同或相似的资产；二是参照物与待评估对象具有内在可比性；三是

---

❶　AKERLOF G A. The market for "lemons"：Quality uncertainty and the market mechanism ［J］. The Quarterly Journal of Economics，1970，84（3）：488-500.

参照物的交易时间和地区相近；四是参照物的选择原则上要超过 3 个❶。例如在美国，技术交易经纪人往往向客户推荐介绍以往大致类似的资产要价和成交价格的分布区间，以此促进客户对拟评估资产的报价做出更为合理的安排❷。

市场法可以进一步细分为直接市场法和相似类比法。其中，前者是指在公开的交易市场上找到类似于待评估资产的市场交易后，不经过价格调整，以类似的资产的成交价格作为待评估资产价值；后者是指在公开交易市场上找到与待评估资产相似资产的交易实例，针对影响价格的关键要素进行逐项比较，以类似交易的全新价格减去按照现行市价计算的已经使用的累计折旧额作为基础进行必要的差异调整，确定待评估资产的现行市场价格。基本测算公式为：待评估资产价值 = ［全新参照资产市场价格 - （全新参照资产市场价格/预计使用年限）×资产使用年限］×调整系数。

市场法的核心思想是只要资产具有相同的价值、获利能力以及可实现价值，就应该具有相同的市场价格。然而在市场中，完全相同的两项资产是不存在的，彼此多少会具有自身的特性，只有高度的相似。因此，可以根据其相似程度来判断其可实现的价值。

市场法是一种最简单、有效的方法，因为评估过程中的资料直接来源于市场，同时又为即将发生的资产交易行为评估。但是，市场法的运用与市场经济的建立和发展、资产的市场化程度密切相关。在我国，社会主义市场经济的建立和完善为市场法提供了有效的运用空间，市场法日益成为一种重要的资产评估方法。

二、市场法评估步骤

运用市场法进行科技成果价值评估时，评估步骤❸如图 3-1 所示。

---

❶ RAZGAITIS R. Valuation and dealmaking of technology - based intellectual property：Principles，methods and tools ［M］. John Wiley & Sons，2009.

❷ 参见 "IP Watchdog 2016 patent market report：patent prices and key diligence data"，https：//www. worldip. cn/index. php?m = content&c = index&a = lists&catid = 64&s = 1。

❸ 中国科技文献中心. GB/T 39057—2020 科技成果经济价值评估指南 ［EB/OL］. （2022-07-21） ［2023-2-18］. https：//www. nssi. org. cn/cssn/js/pdfjs/web/preview. jsp? a100 = GB/T% 2039057 - 2020.

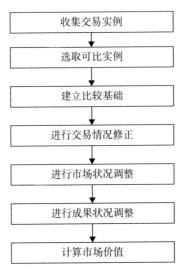

图 3-1 基于市场法的科技成果价值评估步骤

除此之外，运用市场法进行科技成果价值评估时，还需要考虑以下几类必要因素：

1）考虑被评估科技成果或者类似科技成果是否存在活跃的市场，恰当考虑市场法的适用性。

2）收集类似科技成果交易案例的市场交易价格、交易条件和交易时间等信息。

3）选择具有合理比较基础的可比科技成果交易案例，考虑历史交易情况，并重点分析被评估科技成果与已交易案例在资产特性、获利能力、竞争能力、技术水平、成熟程度、风险状况等方面是否具有可比性。

4）收集被评估对象以往的交易信息。

5）根据宏观经济发展、交易条件、交易时间、行业和市场因素、科技成果实施情况的变化，对可比交易案例和被评估科技成果以往交易信息进行必要调整。

在科技成果价值评估中，按照参照物与评估对象的相近似程度，具体运用的市场法可以分为两类：一是直接比较法；二是间接比较法。直接比较法，是指利用参照物的交易价格，以评估对象的某一或若干基本特征与参照物的同一及若干基本特征直接进行比较，得到两者的基本特征修正系数或基本特征差额，在参照物交易价格的基础上进行修正，从而得到评估对象价值。间接比较法也是市场法中最基本的评估方法，即利用资产评估的国家标准、行业标准或市场标准（标准可以是综合标准，也可以是分项标准）作为基准，分别将被评估对象与参照物整体或分项进行对比打分，从而得到评估对象和参照物各自的分值，再利用参照物的市场交易价格，以及评估对象的分值与参照物的分值的比值（系数），求得评估对象的价值。

三、市场法评估案例

1. 案例介绍

案例中被评估和参照玉米品种的基本情况见表3-1。其中，三种参照品种青农105、吉祥1号、京科968转让的方式是转让品种经营权。假设华玉11转让的方式与三种参照品种的转让方式相同，均为转让品种经营权。实际上，华玉11已经在2016年8月完成转让。为了检验评估方法，故而假设其未完成转让，评估其在2016年底的市场价值。表3-1中的四种玉米新品种均为通过农作物新品种审批的玉米品种，包括作为价值评估对象的华玉11。之所以选择已经交易的农作物新品种作为研究案例和评估对象，是因为没有交易的农作物新品种的相关信息很难获取。没有未获取农作物新品种交易的案例，这从一个侧面反映出技术成熟度对科技成果价值的影响❶。

表3-1 被评估和参照玉米品种基本情况

项目	被评估品种	参照品种1	参照品种2	参照品种3
	华玉11	青农105	吉祥1号	京科968
培育单位	华中农业大学	青岛农业大学	甘肃省武威市农业科学研究院	北京市农林科学院玉米研究中心
农作物新品种授权情况	已经获得一个授权	已经获得一个授权	已经获得多个授权	已经获得多个授权

---

❶ 王永杰. 一种基于市场法的科技成果价值评估模型研究［D］. 中国科学院大学，2017.

续表

项目	被评估品种	参照品种 1	参照品种 2	参照品种 3
	华玉 11	青农 105	吉祥 1 号	京科 968
授权编号	鄂审玉 2012003	鲁农审 2010006	豫审玉 2009015,甘审玉 2011002,冀引玉 2014007	国审玉 2011007,甘引玉 2015006
转让费用	待评估	1000 万元	2680 万元	2000 万元
购买单位	湖北荆楚种业股份有限公司	青岛义和种业有限公司	甘肃省敦煌种业股份有限公司	山东登海种业股份有限公司、万向德农股份有限公司等联合经营
转让时间	2016 年	2010 年	2011 年	2011 年

2. 指标评价情况

局限于数据的可获得性和可靠性,在单位产品毛利润方面,因无法获取准确的生产成本、销售价格、毛利率等数据,本着数据宁缺毋滥的原则,假设各品种之间的毛利润无明显差异。以下是对华玉 11 进行市场价值评估的过程。

(1) 技术修正系数

参考各文献中对玉米品种的质量评估标准,设置玉米品种的关键质量指标,分别是亩产量、千粒重、抗病性、生育期等指标。在此基础上,根据指标之间的相对重要性确定各指标权重。

由于玉米新品种技术评估的复杂性,因此在技术维度中各个维度的权重设置方面,没有采用同行评议法、德尔菲专家法等方法确定重要的技术维度,而是参考相关研究结果中的玉米品种技术维度和权重,同时结合农业种植的需求以及能够获得的玉米新品种数据,以及每个玉米新品种的特点,设置了玉米品种的技术维度中每个维度的权重。由于所能获取的资料和数据有限,很多数据极难获取,因此选取能够获取到准确数据的 4 个维度:亩产量、千粒重、生育期、抗病性。在相关的研究中,这 4 个维度相关权重大小相同,因此本案例将此 4 个维度权重均定为 0.25。除此之外,在评估实务中,对于种子必须满足的国家的硬性标准,如纯度、净度、发芽率、水分等,因为所有上市销售的种子都必须满足这些条件，难以体现出不同品种之间的技术和经济性差异，因此在评估中可以适当舍弃这些技术维度。

在技术比较水平优势方面，用华玉 11 的技术指标值与参照品种进行对比，得到华玉 11 相对于参照品种的对比优势。本案例采用的方法是用华玉 11 的技术指标值除以参照品种的相应值。对于抗病性，根据抗病虫的综合情况，确定相对比较优势值。

表 3-2　华玉 11 相对于参照品种的技术经济对比

序号	技术维度	权重	技术性能				华玉 11 对于各参照品种的相对优势					
			华玉11	青农105	吉祥1号	京科968	相对参照品种1技术性能比	加权重后的技术性能比1	相对参照品种2技术性能比	加权重后的技术性能比2	相对参照品种3技术性能比	加权重后的技术性能比3
1	亩产量/kg	0.25	707.81	687.6	1099.1	818.08	1.0294	0.2985	0.6440	0.1868	0.8652	0.2509
2	千粒重/g	0.25	422.1	316	390	395	1.3358	0.2137	1.0823	0.1732	1.0686	0.1710
3	生育期/天	0.25	139	122	112	128	0.8777	0.0081	0.8058	0.0081	0.9209	0.0092
4	抗病性	0.25	中高	高	高	高	0.8500	0.2210	0.8500	0.2210	0.8500	0.2210
技术修正系数							1.0232		0.8455		0.9262	

注：1. 亩产量维度，华玉 11 相对于各参照品种技术性能比计算方法是以华玉 11 的亩产量除以各参照品种的亩产量。千粒重、生育期的计算方法与此相同。亩产量中，因最高亩产量代表了该品种亩产量的最大潜力，因此取多次种植试验中亩产量的最大值。

2. 1g=0.001kg。

3. 抗病性维度，综合各品种的抗病性数据，以及品种的目标玉米种植地区的发病情况，本案例采用打分的形式给予赋值。

（2）市场规模修正系数

在市场规模计算方面，由于目前没有这四种玉米新品种进入国际市场的报道，且四种玉米新品种所取得的农作物新品种授权号均为国内授权号，同时考虑到国际玉米种子市场的激烈竞争，有美国杜邦先锋公司、美国孟山都公司、瑞士先正达公司等种业巨头，所以将各玉米新品种的市场范围限制在国内。另外，由于难以获取每个地区玉米种植面积的具体情况，本案例采用简略计算的方法，把每个玉米品种适宜种植地区的玉米种植区面积占全国玉米种植区面积的百分比作为市场规模的大小。还有，考虑到西北灌溉玉米区、青藏高原玉米区的环境与其他地区相差较大，占全国种植面积的百分比较小，且难以判断四种玉米新品种是否适宜在这两个地区种植，因此，未将这两个地区纳入四种玉米新品种的种植范围之内。在计算过程中，不考虑每个地区每亩种植玉米种子的数量差异。四种玉米新品种的市场规模计算情况见表3-3。

表3-3　四种玉米新品种市场规模计算情况

序号	品种	适宜种植地区	适宜种植地区种植面积占全国种植面积的百分比
1	华玉 11	西南山地玉米区，南方丘陵玉米区	28%
2	青农 105	北方春播玉米区，黄淮海平原夏播玉米区	68%
3	吉祥 1 号	北方春播玉米区，黄淮海平原夏播玉米区	68%
4	京科 968	北方春播玉米区，黄淮海平原夏播玉米区	68%

从表3-3可以看出，参照的三种玉米新品种的市场规模相同，因此华玉11相对于其他三种玉米新品种的市场规模修正系数相同，只需计算一次，计算结果见表3-4。

表3-4　市场规模修正系数计算结果

被评估科技成果市场规模评估值（L_A）	参照科技成果市场规模评估值（L_B）	市场规模修正系数（$L=L_A/L_B$）
28	68	0.4118

（3）技术成熟度修正系数

作为一种科技成果，农作物新品种完全成熟、批准上市的重要标志是获得农作物新品种授权、通过区域种植试验。值得注意的是，作为参照的三种玉米品种的成熟度情况，是指在交易日的成熟度情况；作为被评估品种的华玉11的成熟度情况，是指在评估日的成熟度情况（2016年底）。因四种玉米新品种的科技成果技术成熟度相同，所以科技成果技术成熟度修正系数 $R=1$。

本案例研究检索近年来的农作物新品种交易案例，发现能够检索到的农作物新品种交易案例均为通过农作物新品种审批的品种。虽然未能获取详细的数据证明农作物成熟度对其市场价值的影响，但没有未通过审批的品种的交易案例这种现状，说明通过审批（即技术成熟度达到一定程度）是农作物新品种交易的一个非常重要的因素，从侧面证明了技术成熟度对市场价值的重要影响。从目前的情况来看，通过审批可以视为交易的必要条件。因四种玉米新品种均获得了农作物新品种授权，并均已通过区域种植试验，因此华玉11与各参照品种的成熟度相同，成熟度等级均为10级。

（4）时间修正系数

时间修正系数计算结果见表3-5。

表3-5 时间修正系数计算结果

参照品种	青农105	吉祥1号	京科968
转让时间	2010年	2011年	2011年
距离评估日时间跨度	6年	5年	5年
折现收益率（i）	4.60%	6.15%	6.15%
时间修正系数（t）	1.3098	1.3477	1.3477

因行业内公司差异较大，难以得到准确有效的行业平均收益率，因此折现收益率采用同期国债的利率。

3. 案例结果分析

基于上述各类指标评价情况，得到华玉11完善后的市场法价值评估计算结果，见表3-6。

表3-6 华玉11完善后的市场法价值评估计算结果

被评估品种	参照品种		
华玉11	青农105	吉祥1号	京科968
技术修正系数	1.0232	0.8455	0.9262
市场规模修正系数	0.4118	0.4118	0.4118
时间修正系数	1.3098	1.3477	1.3477
技术寿命修正系数	1	1	1
转让价格	1000万元	2680万元	2000万元
评估价格	551.90万元	1257.58万元	1028.02万元
评估价格平均值	945.83万元		
实际成交价格	1000万元		

由表3-6可知，运用本案例中建立的市场法价值评估模型，对华玉11和三种参照品种分别进行比较，得出华玉11的市场价值分别是551.90万元、1257.58万元、1028.02万元。取三者的平均值，得出华玉11的评估价格平均值为945.83万元。华玉11实际成交价格为1000万元。评估结果相对于实际成交价格的评估误差为5.4%，误差金额是54.17万元，误差小于20%，误差较小。

采用不考虑市场规模的现有的市场法，华玉11价格评估结果见表3-7。

表3-7 现有的市场法价值评估结果

被评估品种	参照品种		
华玉 11	青农 105	吉祥 1 号	京科 968
技术修正系数	1.0232	0.8455	0.9262
时间修正系数	1.3098	1.3477	1.3477
技术寿命修正系数	1	1	1
转让价格	1000 万元	2680 万元	2000 万元
评估价格	1340.20 万元	3053.86 万元	2496.40 万元
评估价格平均值	2296.82 万元		
实际成交价格	1000 万元		

从表3-7可以看出，现有的市场法没有考虑细分市场规模的大小对市场价值的影响，评估的结果为2296.82万元，相对于成交价格1000万元，误差为129.682%，误差的绝对金额和相对百分比都很大。由此可以看出市场规模修正系数对市场价值评估的重要性。

第二节 收益法——基于可预测的未来收益

一、收益法概述

收益法是指通过估算被评估资产未来收益并折成现值，以确定资产价值的方法。它服从资产评估中"将本求利"的思路，即采用资本化和折现的途径及其方法来判断和估算资产价值。

目前的资产评估实践中，对于技术类无形资产采用收益法的思路是比较合理的选择，常见的收益法模型有超额收益法、收益分成法及剩余法。

超额收益法是通过对有无技术的情况的直接对比，计算由技术创造的收益，得到待估技术的价值。这种方法主要用于被评估对象创造的收益易于确定的情况，然而在实际经济活动中，对被评估对象带来的超额收益是很难直接判定的，因此在运用以上方法时存在一定的局限性。

在评估实践中能够直接计算超额收益的情况不多，大多数是通过间接的方法确定收益。收益分成法是极具代表性的方法，该方法主要基于未来的相关产品收益的分配确定被评估对象的价值。其基本思路是，相关产品的收益是有形资产和无形资产共同产生的，因此，可按一定分成率在有形资产及无形资产之间进行收益分成，在国际市场上，进行技术许可、转让等许可贸易活动，普遍采用按销售额提成或按利润提成作为技术收益数额的确定方法。

剩余法又称整体扣减部分法，是通过在总体收益中，减去除被评估对象外的其他资产的收益，得到被评估对象的收益，从而确定其价值。运用剩余法计算被评估对象价值时，如果技术实施方存在不可确指的无形资产或其他如商标、销售网络等无形资产，则合理确定待估评估对象的价值难度较大。另外，该方法是将其他资产的投资者获得的收益等同于在其他领域的投资收益，而没有将相关资产投资在被评估对象方面的风险报酬计算进去，从而导致评估结论可能出现一定偏差。

收益分成法作为科技成果评估方法时的计算公式如下[1]：

$$P = K \sum_{t=1}^{n} F_t \frac{1}{(1+i)^t} \tag{3-1}$$

式中：P 为评估值；K 为科技成果分成率；F_t 为未来第 t 个收益期的收益额；n 为剩余经济寿命期；t 为未来第 t 年；i 为折现率。

各参数的含义如下：

---

[1] 陈雪瑞. 农业科技成果价值评估方法与系统模型研究［D］. 中国农业大学，2018.

1）科技成果分成率。分成率分为销售收入分成率和利润分成率，确定分成率的方法也有多种，常见的有要素贡献分析法、经验数据法、约当投资分析法、边际分析法等。

2）收益额。指未来相关产品（或服务）产生的销售收入或者净利润。可以根据相关资料对技术相关产品未来各年所能产生的收入或者利润进行预测。

3）收益期限。一般按剩余经济寿命、法定寿命和合同约定期限孰短原则确定。法定寿命按法律规定或合同约定等确定，以专利为例，发明专利的法定寿命为 20 年，实用新型专利为 10 年。对于经济寿命，可以根据对相关技术的检索、对比和统计分析得出。

4）折现率。从本质上说，折现率是一个期望的投资报酬率，是投资者在投资风险一定的情况下，对投资所期望的回报率。一般按"无风险报酬率+风险报酬率"确定，即折现率=无风险利率+风险报酬率。其中，无风险利率是投资者不冒风险就可以长期稳定获得的投资收益率，目前一般选用中国人民银行发行的国债利率作为无风险利率。风险报酬率是对投资风险的额外补偿，对科技成果投资而言，风险系数由技术风险系数、市场风险系数、资金风险系数及管理风险系数之和确定。

收益法是重视整体获利能力的一种估值方法，该方法能够克服成本法的这一缺陷，从而更加合理地估测科技成果价值。同时，收益法综合衡量了企业的资本结构、管理水平、人力资本、盈利模式、发展前景、财务状况等因素，能够比较全面地反映企业整体的价值。

但是，使用收益法也存在一定的局限性，特别是用于评估成长期软件和信息技术服务企业时，以下问题较为突出：

首先，收益法会忽视企业投资机会的潜在价值。收益法是以企业现有业务为基础进而预测其未来的收益，然而，对于成长期软件和信息技术服务企业而言，其研发投资过程持续的时间往往较长，不是立刻就能获得回报或者其回报难以预测，这样就容易忽视投资机会所带来的潜在价值。因此，使用收益法估测的结果很可能低于实际价值。

其次，收益法难以预计企业未来的不确定性。在瞬息万变的市场环境中，企业未来经济增长的模式具有很大的不确定性，处于成长期的软件和信息技术服务企业在未来将面临大量投资、快速发展的诸多挑战与机会，对其未来发展状况以及市场前景的预测具有较大的难度，企业能否在机遇与挑战并存的激烈竞争中及时抓住商机对于该企业价值评估结果有着很大的影响。

因此，在使用收益法进行评估时，宜区分报酬资本化法和直接资本化法，并优先选择报酬资本化法。用报酬资本化法评估时，宜区分全剩余生命模式和持有加转售模式。当收益期较长、难以预测该期限内年净收益时，宜选择持有加转售模式。

二、收益法评估步骤

运用收益法进行科技成果价值评估时，图 3-2 所示的步骤是必要的。

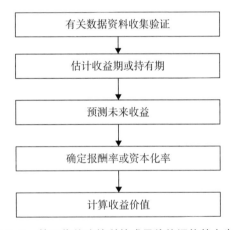

图 3-2 基于收益法的科技成果价值评估基本步骤

当采用收益法评估时，主要涉及经济寿命、收益额、折现率等因素的确定。

1. 经济寿命的确定

一般而言，发明专利的保护期限为 20 年。采用收益法评估专利资产时，收益期限以法定寿命、剩余经济寿命、合同约定期限三者孰短确定。

2. 收益额的确定

收益额=销售收入×分成率×无形资产贡献率。

（1）销售收入的确定

需要明确专利权所应用的产品，根据企业提供的相关资料，了解对应的产量、设计产能、产能利用率、销量、产销率，以及企业历史经营情况和未来发展规划，预测未来各年相关产品的销售收入。

（2）分成率的确定

需要确定专利权的分成率。分成率是进行专利权评估时最常用的参数之一，分成率取值的科学性、合理性对估值有决定性的影响。分成率的影响因素主要有：技术的先进性、开发技术的经济性、技术是否以市场需求为导向、法律保护的程度与保护期限及转让方式和受限条件。

目前估算利润分成率的方法主要有三分法、四分法。所谓三分法是针对技术类无形资产，核心是认为企业产品的生产、销售主要由资金、人力和技术三因素决定，并具有相同的贡献程度，即技术对收益的贡献是33%。四分法是在三分法的基础上增加管理的因素，即技术的贡献率（分成率）应该是四分之一，即25%。

根据联合国贸易和发展会议对各国技术贸易合同提成率所做的调查统计，技术转让时收入分成率的取值范围为0.5%~10%，绝大多数控制在2%~6%。其中，石油化学工业的分成率为0.5%~2%，日用消费工业的分成率为1%~2.5%，机械制造工业的分成率为1.5%~3%，化学工业的分成率为2%~3.5%，制药工业的分成率为2.5%~4%，电器工业的分成率为3%~4.5%，精密电子工业的分成率为4%~5.5%，汽车工业的分成率为4.5%~6%，光学和电子产品的分成率为7%~10%。而我国技术引进实践中，如以销售收入为提成基础，提成率一般不应超过5%。

实际操作中，一般考虑技术水平、成熟度、实施条件、经济效益、保护力度、行业地位及其他等参考因素，对纳入评估范围的无形资产技术进行评价，以此确定分成率的调整系数，从而确定分成率。

（3）无形资产贡献率的确定

当被评估科技成果仅为企业部分无形资产时，需要区分该部分无形资产所带来的贡献，通常通过被评估科技成果的数量、技术贡献的占比等来确定。

3. 折现率的确定

折现率基本公式为：折现率=无风险报酬率+风险报酬率。

对于无风险报酬率，一般应考虑社会平均报酬率，根据资产的剩余年限，选取与剩余期限相近的国债利率作为无风险报酬率。

对专利资产而言，风险系数由技术风险系数、市场风险系数、资金风险系数及管理风险系数之和确定。其中，技术风险包括技术转化风险、技术替代风险、技术权利风险、技术整合风险；市场风险包括市场容量风险、市场竞争风险等；资金风险包括融资风险、流动资金风险；管理风险包括管理制度建设风险、管理团队风险、管理执行力风险、生产及质量控制风险。实际操作中，一般综合各因素的具体分析，采用综合评分法得出风险报酬率。无风险报酬率与风险报酬率相加得到折现率。

此外，运用收益法进行科技成果评估时，应考虑以下因素：

1）在获取的科技成果相关信息基础上，根据被评估科技成果或者类似科技成果的历史实施情况及未来应用前景，结合科技成果实施或者拟实施企业经营状况，重点分析科技成果经济收益的可预测性，恰当考虑收益法的适用性。

2）合理估算科技成果带来的预期收益，区分科技成果与其他资产所获得的收益，分析与之有关的预期变动、收益期限，以及与收益有关的成本费用、配套资产现金流量、风险因素。

3）保持预期收益口径与折现率口径一致。

4）根据科技成果实施过程中的风险因素及货币时间价值等因素合理估算折现率。科技成果折现率宜区别于企业或者其他资产折现率。

5）综合分析科技成果的剩余经济寿命、法定寿命及其他相关因素，合理确定收益期限。

三、收益法评估案例

1. 背景介绍

高品质铜金粉属于国家高新技术超微功能粉体材料领域，S公司在借鉴国外先进技术的基础上，运用多学科、多领域前沿技术的交叉综合，于1998年12月成功开发了高品质铜金粉的生产技术。权威部门的检测报告和用户试用报告表明，技术水平达到国际先进水平。

该产品具有分散性好、附着力强、稳定性好、色泽逼真、酷似黄金，且光亮持久等特点，产品各项性能远优于国内低品质产品，可与国外进口产品相比，已成为高档金色包装印刷廉价替代最理想的材料。

2. 评估目的

S 公司开发出高品质铜金粉生产技术后，为加快公司的高品质铜金粉技术的产业化进程，拟以该技术成果与 D 上市公司合资，以发挥各自的技术优势和资金优势。为合理确定双方所占的股份，S 公司委托评估机构对该技术无形资产的价值进行评估。

3. 评估报告用户

该报告委托方为 S 公司，是报告的主要用户。D 公司是拟合资对象，对无形资产评估分析过程及其结果十分重视。因此，本评估报告直接为委托方（技术转让方）提供参考意见，间接为技术受让方投资决策（确定合资方式和认同价值）提供参考依据。

4. 评估依据

技术无形资产评估的依据包括法律依据、技术依据。

法律依据主要有评估委托合同、国务院第 91 号令《国有资产评估管理办法》及《国有资产评估管理办法实施细则》。

评估技术依据是：国资办发〔1996〕36 号文件《资产评估操作规范意见（试行）》；委托方提供的《高品质仿金复合金属粉体材料（铜金粉）生产可行性研究报告》及相关资料、委托单位 1998—1999 年的会计报表、由中国有色金属工业粉末冶金产品质量监督检验中心出具的《铜金粉产品检测报告》、由 H 省分析测试中心出具的《铜金粉产品分析测试报告》、用户意见和产品试用报告、产品购销合同等；评估方收集的资料，包括同行专家对该无形资产技术水平的评价、市场调查情况等。

5. 评估技术路线与方法

技术资产评估中，以投资转让为目的的成熟技术评估，一般采用收益现值法。即通过对资产技术特征、市场前景、投资规模、生产效益等进行客观分析，按照效益分成法则，确定技术在该产品净利润中的比例，通过适当地还原利率，将未来超额收益折现作为无形资产价值。

6. 评估过程

接受评估委托后，评估机构组织人员对委托方技术开发、产品开发与企业经营进行了实地考察，就该技术的性能、权属、产品生产成本、市场情况进行了调查和分析。在此基础上，按照资产评估的原则和技术路线进行评估。主要技术程序包括：

1）对技术权属进行核实。由于该技术没有进行成果鉴定和成果登记，对产权的核实需通过查阅原始科研、开发记录确定。同时，在报告中对技术成果产权的确定方法做出特别说明。

2）专家咨询。邀请有关专家对技术的先进性、实用性、成熟度进行判断，对项目开发可行性报告进行评价。

3）确定评估前提。按照评估委托方提出的合资规模设想和可行性研究报告，在未来超额收益期内，市场不成为限制因素，该项无形资产价值评估的限制因素是投资规模（生产规模）。

4）确定生产规模和产品销售能力。

5）测算生产成本。根据可行性报告提供的数据，以及对企业成本会计的审核，在设计生产能力下，年综合生产成本费用包括产品销售成本、管理费用、销售费用和财务费用。

6）测算净利润。

基于以上步骤，最终得出收益法的评估结果。

第三节　成本法——基于可量化的重置成本

一、成本法概述[❶]

成本法是指在当前的生产力发展水平下首先估测被评估资产的重置成本，然后估测被评估资产已存在的各种贬损因素，并将其从重置成本中予以扣除，

---

❶　参见"资产评估的基本方法——道客巴巴"，https://www.doc88.com/p-2773491545130.html?r=1。

而得到被评估资产价值的各种评估方法的总称。

成本法是站在购买者的角度从资产成本费用出发来评估资产价值的❶。根据等价交换原则，对于任何潜在的投资者来说，在其决定投资购建某项资产时，所愿支付的价格不会超过与该资产现行状况相同或相似的资产的重新购建价格。

因此，在使用成本法进行评估时，被评估科技成果需要处于继续使用状态或假设处于继续使用状态，具备可利用的历史成本资料。

科技成果的资产成本包括研制或者取得、持有期间的全部物化劳动和活劳动的费用支出。科技成果的资产成本特性，尤其对于研制、形成费用而言，明显区别于其他资产，有如下特性❷：

1）不完整性。与购建科技成果相对应的各项费用是否计入科技成果的成本，是以费用支出资本化为条件的。在企业生产经营过程中，科研费用一般都是比较均衡地发生的，并且比较稳定地为生产经营服务，因而我国现行财务制度一般把科研费用从当期生产经营费用中列支，而不是先对科研成果进行费用资本化处理，再按科技成果折旧或摊销的办法从生产经营费用中补偿。这种办法简便易行，大体上符合实际，并不影响科技成果的再生产。但这样一来，企业账簿上反映的科技成果成本就是不完整的，大量账外科技成果的前期成本的存在是不可忽视的客观事实。同时，即使是按国家规定进行费用支出资本化的科技成果的成本核算一般也是不完整的。因为科技成果的购建具有特殊性，有大量的前期费用，如培训费用、基础开发费用或相关试验费用等往往不计入该科技成果的成本，而是通过其他途径进行补偿。

2）弱对应性。科技成果的购建经历基础研究、应用研究和工艺生产开发等漫长过程，成果的出现带有较大的随机性和偶然性，其价值并不与开发费用和时间产生某种既定的关系。如果在系列的研究失败之后偶尔出现一些成果，由这些成果承担所有的研究费用显然不够合理。而在大量的先行研究（无论是成功还是失败）的积累之上，往往可能产生一系列的科技成果，然而，继起的这些研究成果是否应该以及如何承担先行研究的费用也很难明断。

❶ 参见"资产评估基本方法——道客巴巴"，https://www.doc88.com/p-10287114847671.html。

❷ 参见"专利评估方法：如何评估专利资产价值"，https://www.docin.com/p-1483574592.html。

二、成本法评估步骤

运用成本法进行科技成果评估时，按图 3-3 所示的步骤进行是必要的。

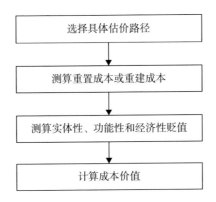

图 3-3 基于成本法的科技成果价值评估基本步骤

运用成本法评估资产时，按被评估资产的现时重置成本扣减各项贬值来确定资产价值。其理论计算公式为：

$$V = C - d - e \tag{3-2}$$

式中：V 为被评估资产的评估值；C 为重置成本；d 为功能性贬值；e 为经济性贬值。

评估实践中，往往采用下述公式：

$$科技成果评估值 = 重置成本 \times（1 - 贬值率）\tag{3-3}$$

技术的重置成本，是按现时的条件，以及目前的价格标准，并按过去开发该技术消耗的人力、物力、资金量、检测要求及活动宣传情况计算所得。重置成本一般包括：

（1）研制成本

研制成本包括直接成本和间接成本两大类。直接成本是指研制过程中直接投入发生的费用，间接成本是指与研制开发有关的费用。

1）直接成本。直接成本一般包括：材料费用，专用设备费，资料费，咨询鉴定费，协作费，培训费，差旅费，其他费用。

2）间接成本。间接成本主要包括：管理费，非专用资产折旧、摊销费。

（2）交易成本

交易成本是发生在交易过程中的费用支出，主要包括：①技术服务费；②交易过程中的差旅费及管理费；③手续费；④税金。

（3）申请和维持费用

申请和维持费用包括申请知识产权的费用和维护知识产权长期有效所发生的费用。

（4）合理利润

贬值率的确定可以采用专家鉴定法、剩余经济寿命预测法等方法确定，采用剩余经济寿命预测法的公式为：贬值率=已使用年限/（已使用年限+剩余使用年限）。

三、成本法评估案例❶

为确定转基因动物育种技术作为无形资产投资入股提供参考，在对其进行水平评估的基础上，还要进行价值评估。本案例将介绍转基因动物育种技术价值评估的操作过程。

1. 价值评估的程序

转基因动物育种技术价值评估按照以下程序进行：

1）明确价值评估目的、评估对象及范围，选定价值评估基准日，定为2001年4月30日，拟定价值评估方案。

2）了解转基因动物育种技术名称、形成过程、存在形式、有效期限以及有关权属的全面情况，初步收集与价值评估有关的数据资料。

3）从法律、经济、技术等角度分析说明转基因动物育种技术是否存在。

4）调查、收集、整理、分析有关市场需求、价格信息、技术指标、物价指数变化情况、经济指标等方面的数据资料，了解转基因动物育种技术领域的行业发展动态、技术水平情况。

5）确定转基因动物育种技术的购建价格、成新率，计算评估值。

6）起草价值评估报告初稿，内部审核检验价值评估结果。

---

❶ 雷海. 科技成果评估的案例分析［D］. 北京理工大学，2002.

7）征求评估委托方及相关方面的意见，经具体研究分析并决定是否采纳后，出具正式的价值评估报告。

2. 价值评估方法

对技术进行价值评估，一般可采取市场法、成本法、收益法等。转基因动物育种技术价值评估因各种条件所限，采用了重置成本法。本次价值评估采用式（3-3）。

重置成本是按现行价格购建与被评估专有技术完全相同的全新技术所发生的全部费用。对本项专有技术用重置成本法进行评估，其重置成本以购建相同专有技术需发生的所有成本费用计算。

3. 评估值的计算

（1）重置成本的确定

重置成本是按现行价格购建与转基因动物育种技术完全相同的技术资产所发生的费用。由于本项专有技术是自创的，重置成本可以按照开发时实际发生的物料消耗和工时消耗，以现行标准计算价格和费用的方法来确定。

本次价值评估主要考虑的成本是研制开发的有效成本。转基因动物育种技术实际发生成本中的通用设备购置费已计入固定资产，并按规定年限计提折旧，因此按其折旧费计入转基因动物育种技术研发有效成本；而专用设备为本项技术专用，价值评估时是将其直接纳入开发成本，参照公开市场价格评估计算。

转基因动物育种技术的研制开发成本主要构成分为两大类：一是直接成本，二是间接成本。如前所述，直接成本是科技开发研究中投入的费用，间接成本是与科技开发研究有关的其他支出。下面分别加以说明。

直接成本由下列项目构成：

材料能源费（C_1）：为完成本项专有技术研究开发所耗费的原材料、燃料、动力费等。

工资（S）：参与本项专有技术研究开发人员的人工费用。

专用设备费（C_2）：为本项专有技术研究开发所购置或自制的专用设

备费。

信息资料费（C_3）：为专有技术研究开发所需的图书资料、文献、印刷、复制费用等。

差旅费（C_4）：从事本专有技术研究开发所用的差旅费。

咨询鉴定费（C_5）：为完成本项专有技术研究开发而发生的技术检测鉴定费用等。

间接成本由下列项目构成：

管理费（C_6）：为管理、组织本专有技术研究开发的一切费用，如办公费等。

通用设备折旧费（C_7）：为技术研究开发所使用或购置的通用设备、其他固定资产的折旧费。

求出直接成本和间接成本后，采用以下公式计算：

$$重置成本 = \sum_{i=1}^{7} C_i + S \tag{3-4}$$

（2）物价变动调整系数的确定

转基因动物育种技术研究开发期间为 1996 年 1 月至 2000 年 12 月，历时 60 个月。经查阅《中国统计年鉴》及有关信息网站，咨询国家有关统计部门，确定被评估专有技术研制开发期间价格指数，经环比计算获得物价变动调整系数。调整系数计算公式为：

$$调整系数 = (1 + a_1) \times (1 + a_2) \times (1 + a_3) \times \cdots \times (1 + a_n) \tag{3-5}$$

式中：a_n 为各年环比价格指数增长率。

（3）贬值率的确定

转基因动物育种技术自 1996 年开展研制开发，2000 年 12 月完成。2001 年 3 月经科技成果水平评估，认为其技术处于国内领先水平。21 世纪是以生物领域飞速发展为主要标志的世纪，转基因技术的发展方兴未艾。转基因动物育种技术属国内领先，且水平评估日期与价值评估基准日较为接近，目前此项技术正在进行进一步的研发，为规模化生产做准备。因此，确定转基因动物育种技术的贬值率为 0。

（4）人工费用核算

人工费用核算采用现行价格进行重置成本核算。根据对转基因动物育种技术研发过程的调查，技术研发人员 7 人，在承担本技术研制任务的同时，还承担教学及其他课题项目，工资费用按 50% 的比例分摊（平均工资及福利费用标准以副研级 3.6 万元/年计算；研制开发月数为 60 个月）。

人工费用重置成本 = 研制人员月收入×研发月数×分摊率

= 7×3000 元/月×60 月×50%

= 63 万元

（5）费用估算

研制开发物化消耗成本主要以转基因动物育种技术的开发成本费用为依据，并对其成本的合理性进行分析，结合现行价格及价格指数调整确定。

1）材料能源费、通用设备折旧费、信息资料费、咨询鉴定费、管理费等费用以全国零售商品价格指数进行调整（调整系数 1）。

2）人员差旅费以居民消费价格指数进行调整（调整系数 2）。

3）专用设备费主要为研制该专有技术而购置 PCR 仪、DNA 测序仪、NI-KON 体视镜、塞多利斯电子天平、蛋白电泳仪等设备而发生的费用。本次评估根据原购置设备的规格型号及产地，经市场调查询价得知，因本项专有技术所使用的专用设备均为进口设备，生产厂家多处于该种设备的垄断地位，市场价格几年来变动不大，以市场询价作为专用设备的重置全价。

转基因动物育种技术评估结果见表 3-8。

表 3-8　转基因动物育种技术评估结果计算　　　单位：万元

序号	项目	1996 年	1997 年	1998 年	1999 年	2000 年	合计
1	材料能源费	52.80	44.20	67.80	81.90	23.00	269.70
2	信息资料费	3.00	3.40	3.80	2.40	1.00	13.60
3	咨询鉴定费	3.60	1.56	2.64	3.69	0.54	12.03
4	管理费	1.10	1.30	1.90	2.34	1.00	7.64
5	通用设备折旧	9.80	14.23	18.45	17.17	9.67	72.32
	小计	70.30	64.69	94.59	107.5	35.21	372.29
	调整系数 1	0.938	0.931	0.955	0.985	1.000	
A	重置成本 $\sum\limits_{i=1}^{5} C_i$	65.94	60.23	90.33	105.89	35.21	357.60

序号	项目	1996 年	1997 年	1998 年	1999 年	2000 年	合计
6	差旅费	4.90	4.16	2.45	3.97	0.76	16.24
	调整系数 2	1.010	0.982	0.990	1.004	1.000	
B	重置成本（C_6）	4.95	4.09	2.43	3.99	0.76	16.22
C	专用设备费	24.60	2.80	151.00	37.30	3.60	219.30
	合计（$A+B+C$）	95.49	67.12	243.76	147.18	39.57	593.12

4. 价值评估的结论

根据式（3-4），重置成本 = 593.12 万元 + 63 万元 = 656.12 万元。因此，根据式（3-3）可得：

转基因动物育种技术评估值 = 重置成本 × （1-贬值率）= 656.12 万元 × 100% = 656.12 万元。

第四节　其他科技成果评估方法

在科技成果评估过程中，不同类型的科技成果其价值维度的侧重也有所不同。理论性的研究成果应更加侧重科技成果的科学性，因此科学价值便是应该重点考察的。对于应用技术类成果，认为其经济价值的侧重度较大，这是由于这类成果容易而且也被要求为科技成果拥有者以及科技成果的投资人带来直接或者间接的经济利益。总而言之，对于不同的评估对象和评估目的，应根据评估的需要考虑应注意的问题，正确选择评估的方法。

除了对经济性的定量评估方法，如收益现值法（收益法）、重置成本法（成本法）、现行市价法（市场法）外，还有对科技成果的社会性和科学性评估而采用的定性方法，如同行评议法和德尔菲法。下面对科技成果评估中常用的方法进行介绍。

一、定性评估法

(一) 同行评议法❶

同行评议法即专家学者对本专业领域的学术成果的评价，包括著述的发表出版、评论、评奖、评职称、论文引用、论文鉴定等。同行评议方法一般包括函审评议和专家组会议评议并结合实地考察两种。尽管形式不同，评议专家的意见一般都是通过其填写评价表来表达。目前，国内用于科技成果评价的专家评议表主要由两部分组成：①专家根据评价指标的内涵评定程度并赋分，标明成果的水平；②给出成果综合评议意见以及后续研发建议。该方法操作简单，易于使用，但难以制定统一的标准，结果误差较大。

(二) 德尔菲法❷

德尔菲法也称专家调查法，该方法由美国兰德公司创始实行。由企业组成一个专门的预测机构，其中包括若干专家和企业预测组织者，按照规定的程序，背靠背地征询专家对未来市场的意见或者判断，然后进行预测。该方法简单，易于操作，但受主观因素影响较大，在评价对象的判断中容易产生误差。

(三) 科学文献计量评价法

科学文献计量评价法是一种基于定量数据 (《科学引文索引》和专利数据库)，采用论文指标、引文指标、专利引文指标等，用数学和统计学方法，分析和研究科学发展规律的定量评价方法。科学文献计量评价法的评价指标主要有：学术论著的公开发表与出版及出版物级别；学术论著的传播与反响程度，如被转载、摘录，被权威检索工具收录情况；学术论著的被引用频次。

❶ 黄亚明，何钦成. 科技成果评估中的常用方法 [J]. 中华医学科研管理杂志，2004 (1)：13-15.

❷ JAEMIN C，JAEHO L. Development of a new technology product evaluation model for assessing commercialization opportunities using Delphi method and fuzzy AHP approach [J]. Expert Systems with Applications，2013，40 (13)：5314-5330.

文献计量指标广泛应用于评价科学生产率，评价人才、成果质量、科研机构（包括大学、研究所、科技产业公司等）乃至整个国家的科技水平与影响力等。科学文献计量评价法具有较强的科学性和严谨性，具有统计学意义上的合理性和可信度。它不受个人主观因素干扰和其他非科学因素的影响，有助于规范评价行为。但在微观层面上，如在评价科研人员或评价某一具体项目时，科学文献计量评价法存在指标的单一性、学科间的不可比较性、学术价值的不可表现性等缺点。更主要的问题是，一篇论文受到多次引用并不是其自身科学质量的充分证据。因此，科学文献计量评价法在微观上应该是同行评议方法的辅助或补充手段，是综合性评价指标体系的组成部分。

（四）层次分析法❶

层次分析法是将与决策总是有关的元素分解成目标、准则、方案等层次，在此基础之上进行定性和定量分析的决策方法，多用于权重的计算。

（五）模糊综合分析法

模糊综合分析法是一种基于模糊数学的综合评价方法。该方法根据模糊数学的隶属度理论把定性评价转化为定量评价，即用模糊数学对受到多种因素制约的事物或对象做出一个总体的评价。它具有结果清晰、系统性强的特点，能较好地解决模糊的、难以量化的问题，适合各种非确定性问题的解决。

（六）综合评价法❷

综合评价法是运用多个指标对多个参评单位进行评价的方法，其基本思想是将多个指标转化为一个能够反映综合情况的指标来进行评价。目前，综合评价法有主成分分析法、数据包络分析法、模糊评价法等种类。该方法较其他方法具有一定的优势，但权重需要另外计算得出。

---

❶　王珍，种皓，张红霞，等. 医院科技创新成果转化评估决策支持系统对骨科手术机器人科技成果转化验证研究［J］. 中国医学装备，2022，19（8）：128-133.
❷　田国华. 研究型高校科技成果转化水平与区域经济协调关系评估［J］. 山西大同大学学报（自然科学版），2020，36（5）：32-36.

（七）标准化评价法❶

科技成果标准化评价法的定义为，根据相关标准、规定、方法和专家的咨询意见，由评估方根据科技成果评价原始材料通过建立工作分解结构，分化地对每个工作分解单元的相关指标进行等级评定，并得出标准化评价结果。标准化评价法的特点是将专家作用前置，由专家根据科技成果的共性特点，明确评价的相关指标及所需的证明材料，建立一系列评价标准。在标准化评价中常见的指标有技术成熟度、技术创新性和技术先进性等。标准化评价法的优点是评价结果是以证明材料为支撑的，可信度较高；同时，标准化评价指标等级的设计都是与科技成果的本质特征密切相关的，在科技成果转化中具有实际参考意义。其缺点是建立相关的评价标准需要较长的周期，可客观评价的指标相对较少。

近年来，随着科学技术的迅速发展，我国在评估方法领域也进行了很多研究，开始注重使用定性、定量相结合方法，但仍不够成熟。此外，现有评估方法重视技术和理论层面的评估，而对科技成果经济效益的评估还难以满足当前市场的需求。科技成果的研发和转化是具有生命周期的动态发展过程，因此其评估应该体现其动态性，实现动态评估。

二、定量评估法

（一）贴现法

贴现法是从收入角度对资产进行估价的方法，具体地讲，是找到恰当的折现率，然后将待评估资产的预期收益流转换为待评估资产价值。以专利类科技成果为例，考虑到专利可以带来现金流形式的经济收益，因此也可以采用这一方法，通过衡量目标专利在未来可获得的经济收益的现值来确定专利价值。具体的测算公式为：

---

❶ 石馨月，李正旺，曾基业. 广东省推行科技成果标准化评价的现状分析 [J]. 特区经济，2022（7）：67-70.

$$P = \alpha \sum_{i=1}^{n} \frac{R_i}{(1 + r)^i} \qquad (3-6)$$

式中：P 为待估专利的评估值；α 为技术分成率，按照接收专利技术的一方获得收入或利润的一定比例，一般可根据边际分析法或者约当投资分析法来确定；R_i 为企业未来第 i 年的净利润；i 为收益计算年，上限不能超过专利的有效保护期；r 为折现率，可以根据通货膨胀率、无风险利率和风险报酬率三者综合来确定。

这一方法兼顾了专利的使用年限、风险性和未来收益性等因素。其中，专利使用年限体现了专利的时间价值，风险性是指未来的现金流要通过风险评估调整折现率，未来收益性代表了未来现金流的不确定性。基于以上诸多考虑，评估结果相对而言就更为准确。但贴现法也有其不足之处：折现率应与其折现的现金流风险相匹配，而处于不同保护时期的专利，其现金流的风险也是不同的，因此，理论上不应当使用相同的折现率对处于不同保护期的专利进行折现。实际测算中，由专利带来的现金流往往并不容易从总的现金流中鉴别并分离和量化出来，这是一个难点。专利虽然有固定的保护期，但它的经济寿命却具有不确定性，也是很难预测的。因此，使用贴现法对专利资产进行估价也有其不可避免的局限性。

（二）实物期权法

所谓实物期权，是以期权概念定义的现实选择权，是指企业进行长期资本投资决策时拥有的、能根据决策时的不确定性因素改变行为的权利，是与金融期权相对的概念，属于广义的期权范畴。

实物期权定价理论模型是建立在非套利均衡模型基础上的。其核心思想为：对于投资机会价值的确定及最优投资策略的选择，不应该简单使用主观的概率测算方法或效用函数，而应理性地寻求一种建立在市场基础上、能够使得项目价值最大化的方法。

1976 年，相关领域的专家在实物期权概念的基础上做了完善，提出了二项式期权定价模型。这一模型假设投资项目的价值和相应的股票价格均为随机游走的。相较布莱克-舒尔兹模型（Black-Scholes Model）中使用主观概率，二项式期权定价模型中选用风险性概率取代之，推导过程也不涉及投资者的风险态度问题。此外，还有一些在布莱克-舒尔兹模型基础上衍生的其他模型，如盖斯克模型（Geske Model）、对数化二项式模型等。

第五节　各类评估方法比较分析

一、各类评估方法问卷调查结果

在评估机构的调查表中，要求被调查评估机构填写 2005—2007 年各项知识产权的评估业务量情况。从问卷调查结果来看，市场法在技术型知识产权评估中的应用范围有限，在全部 12876 件技术型知识产权评估业务中，只有 1397 件采用市场法，占总量的 10.85%。从技术型知识产权内部来看，专利权采用市场法的比例要高于专有技术，前者市场法的应用比例达到了 15.90%，而后者市场法应用比例仅为 3.52%。分组数据表明，具有证券资格的评估机构与无证券资格的评估机构市场法运用的比例相差无几，分别是 11.77% 和 10.93%，具体统计结果见表 3-9。而且，在样本评估报告书中没有出现市场法评估案例。

表 3-9　2005—2007 年调查问卷中技术型知识产权市场法评估业务量

评估对象类型	评估业务总量/件	市场法业务		具有证券资格的评估机构			无证券资格的评估机构		
		业务量/件	占比/%	业务总量/件	市场法业务量/件	占比/%	业务总量/件	市场法业务量/件	占比/%
技术型知识产权	12876	1397	10.85	2888	340	11.77	9988	1092	10.93
专利权	7623	1212	15.90	1384	269	19.44	6239	940	15.07
专有技术	5253	185	3.52	1504	71	4.72	3749	152	4.05

从统计结果来看，市场法的应用范围有限，这主要与我国知识产权交易市场不发达以及技术型知识产权的唯一性特点有关。收益法和成本法应作为现阶段评估方法研究的重点。

从问卷调查结果来看，收益法是目前技术型知识产权评估中的主要评估方法，在全部 12876 件技术型知识产权评估业务中，有 6174 件采用收益法，占到总量的 47.95%。而且，从发展趋势来看，收益法的应用范围在逐渐扩大。从技术型知识产权内部来看，专有技术采用收益法的比例要高于专利权，专有技术采用收益法的比例达到了 68.60%，而专利权采用收益法的比例为 33.71%。分组数据表明，具有证券资格的评估机构收益法的运用比例为 53.02%，明显高于无证券资格的评估机构的 46.49%，见表 3-10。

表 3-10 2005—2007 年调查问卷中技术型知识产权收益法评估业务量

评估对象类型	评估业务总量/件	收益法业务		具有证券资格的评估机构			无证券资格的评估机构		
		业务量/件	占比/%	业务总量/件	收益法业务量/件	占比/%	业务总量/件	收益法业务量/件	占比/%
技术型知识产权	12876	6174	47.95	2888	1531	53.02	9988	4643	46.49
专利权	7623	2570	33.71	1384	624	45.09	6239	2759	44.22
专有技术	5253	3604	68.60	1504	907	60.31	3749	1884	50.25

从样本评估报告书分析结果来看，技术型知识产权评估中主要采用收益法和成本法，未出现市场法、实物期权法等其他评估方法。其中，采用收益法的评估报告书有 68 份，占到样本总量的 80%。在收益法中主要包括收益分成法、割差法、使用费节省法、优越利润法、超额收益法等各种方法。另外，具有证券资格的评估机构收益法的运用比例达到了 83.33%，高于无证券资格的评估机构，见表 3-11。

表3-11　样本评估报告书中技术型知识产权收益法评估业务量

评估对象类型	评估业务总量/件	收益法业务		具有证券资格的评估机构			无证券资格的评估机构		
		业务量/件	占比/%	业务总量/件	收益法业务量/件	占比/%	业务总量/件	收益法业务量/件	占比/%
技术型知识产权	85	68	80	78	65	83.33	7	3	42.86
专利权	37	28	75.68	32	25	78.13	6	2	33.33
专有技术	48	40	83.33	46	40	86.96	1	1	100

在问卷调查数据中，成本法在技术型知识产权评估中仍占据重要地位，在全部12876件技术型知识产权评估业务中，有5305件是采用成本法，占到总量的41.20%。从技术型知识产权内部来看，专利权采用成本法的比例要高于专有技术，前者成本法的应用比例达到了48.73%，而后者成本法应用比例为30.27%。分组数据表明，具有证券资格评估机构成本法的应用比例为35.18%，低于非证券资格评估机构的42.94%，见表3-12。

表3-12　2005—2007年调查问卷中技术型知识产权成本法评估业务量

评估对象类型	评估业务总量/件	成本法业务		具有证券资格的评估机构			无证券资格的评估机构		
		业务量/件	占比/%	业务总量/件	成本法业务量/件	占比/%	业务总量/件	成本法业务量/件	占比/%
技术型知识产权	12876	5305	41.20	2888	1016	35.18	9988	4289	42.94
专利权	7623	3715	48.73	1384	609	44.00	6239	3106	49.78
专有技术	5253	1590	30.27	1504	407	27.06	3749	1183	31.56

在样本评估报告书中，采用成本法的评估报告书共有17份，占到样本总量的20%，远远低于问卷调查结果。在全部17份成本法样本中，评估对象全部为外购技术型知识产权，未出现自创技术型知识产权案例。从不同类型技术型知识产权的调查数据来看，专利权成本法运用比例高于专有技术，见表

3-13。

表3-13 样本评估报告书中技术型知识产权成本法评估业务量

评估对象类型	评估业务总量/件	成本法业务		具有证券资格的评估机构			无证券资格的评估机构		
		绝对量/件	占比/%	业务总量/件	成本法业务量/件	占比/%	业务总量/件	成本法业务量/件	占比/%
技术型知识产权	85	17	20	78	13	16.67	7	4	57.14
专利权	37	9	24.32	32	7	21.88	6	4	66.67
专有技术	48	8	16.67	46	6	13.04	1	0	0

二、评估方法对比

在实际工作中，可参考表3-14对三种方法的对比情况，遴选合适的评估方法。

表3-14 三种评估方法对比

评估方法	适用情况	优点	缺点
市场法	适用具有类似已成交案例的科技成果估值	考虑因素较为全面广泛，评价内容与科技成果本质特征密切相关，可信度较高	评估周期较长，定性分析的指标多，定量分析的指标有限，对评估方的专业能力有较高要求
收益法	适用于成熟度较高、确定性强的科技成果	直观，评估周期相对较短，评估成本较低	仅从经济效益考虑，对于社会效益评价不够；进行转化的科技成果多处于早期阶段，适用范围小；难以准确客观判断未来收益
成本法	适用于成熟度低、目标市场不明确的科技成果	从科研实施的维度出发开展评估，多为技术团队的议价底线	多用作其他估值法的验证因素；对于成本的认定难度较大，其中对于是否需要将一些失败的前期研究以及难以转让的派生成果的投入列为成本等问题，存在争议

（一）市场法

市场法通过案卷分析、专家咨询、问卷调查、实地调研、利益相关者座谈、文献计量、案例研究、多指标综合评估、比较研究、数理统计等确定成果的基本价值，再选择几个或者更多的被评估的资产作为被交易的资产参照，把待评估的资产与之相对比，对价值进行适当浮动调整。

市场法的优点是考虑因素较为全面广泛，评价内容与科技成果本质特征密切相关，可信度较高。但是缺点是评估周期较长，定性分析的指标多，定量分析的指标有限，对评估方的专业能力有较高要求。

（二）收益法

收益法则是对已批准的专利、商标与商誉、版权等未来产生的收益进行折现，计算科技成果的当前价值。

收益法适用于成熟度较高，确定性强的科技成果，优点是直观，评估周期相对较短，评估成本较低。缺点是仅从经济效益考虑，对于社会效益评价不够；进行转化的科技成果多处于早期阶段，适用范围小；难以准确客观判断未来收益。

（三）成本法

成本法是以重新建立或购置与被评估资产具有相同用途和功效的资产时需要的成本作为计价标准，对科技成果进行估值。

适用于成熟度低，目标市场不明确的科技成果。优点是从科研实施的维度出发开展评估，多为技术团队的议价底线。但是多用作其他估值法的验证因素；对于成本的认定难度较大，其中对于是否需要将一些失败的前期研究以及难以转让的派生成果的投入列为成本等问题，存在争议。

第四章

专利类科技成果价值评估

第一节　专利类科技成果价值评估概述

一、专利类科技成果形式

专利的种类在不同的国家有不同规定，我国《专利法》第 2 条第 1 款规定的专利类型有：发明专利、实用新型专利和外观设计专利；美国专利商标局核发的三种专利类型分别是发明专利、外观设计专利和植物专利；还有的国家只有发明专利和外观设计专利两种类型。

我国专利法对不同类型的专利做了详细解释。

(一) 发明专利

《专利法》第 2 条第 2 款规定，发明专利是指对产品、方法或者其改进所提出的新的技术方案，是应用自然规律解决技术领域中特有问题而提出创新性方案、措施的过程和成果。产品之所以被发明出来是为了满足人们日常生活的需要。发明的成果或是提供前所未有的人工自然物模型，或是提供加工制作的新工艺、新方法。机器设备、仪表装备和各种消费用品以及有关制造工艺、生产流程和检测控制方法的创新和改造，均属于发明。发明主要包括方法类发明、产品类发明和用途类发明。

1. 方法类发明

方法类发明，是指把一种物品变为另一种物品所使用的或者制造一种产品的具有特性的方法和手段。该方法可以是化学方法、机械方法、通信方法、生物方法等，如一种用于运行稳定器安排的方法。但是如交通规则、游戏规则等，都不是利用自然规律的结果，不属于方法类发明。

2. 产品类发明

产品类发明，是指通过人们的智力活动创造出各种前所未有的新产品，包括有一定形状和结构的物品以及固体、液体、气体之类的物质，如机器、仪器、设备、装置、用具和各种物质等。这种发明可以是一种独立的产品，也可以是一种产品的一个部件或附件。进一步可分为：①物品发明，指人工制造的各种制品或用品；②物质发明，指以任何方法所获得的两种或两种以上元素的合成物，包括化学物质（化合物）、食品、药品等；③材料发明，包括合金、陶瓷、水泥、玻璃等。

3. 用途类发明

用途类发明，是指在发现物质的固有性质后，专门利用这种性质而形成的发明。所谓的物质，既包括现有物质，也包括新物质（没有被发现但是客观存在）。例如 DDT 作为化学物质早已经是现有产品，但在 DDT 出现 60 多年后，有人将其用于杀虫，并且获得了出其意料的效果，于是申请了"DDT 作为杀虫剂的应用"的发明专利，该发明就是用途类发明。

（二）实用新型专利

《专利法》第 2 条第 3 款规定，实用新型，是指对产品的形状、构造或者其结合所提出的适于实用的新的技术方案。我国设置有实用新型专利，主要原因有两点：

一是鼓励低成本、研制周期短的小发明的创造，以更快适应经济发展的需要。

二是发明专利授权周期一般长达 2~3 年，并且要求较高，不易通过审查，而设置实用新型专利，专利权人能快速得到授权，如果授权后发生专利侵权纠纷，再启动相应的实质审查程序，包括评价该专利的实用性、新颖性、创造性，如此，可节约大量审查资源。

（三）外观设计专利

《专利法》第 2 条第 4 款规定，外观设计，是指对产品的整体或者局部的形状、图案或者其结合以及色彩与形状、图案的结合所作出的富有美感并适于工业应用的新设计。所谓产品，就是人工制造出来的一切物品。但是，对于外观设计专利来说，要求外观设计"适于工业上应用"，这意味着采用了其外观设计方案的产品应当能在产业上应用并形成批量生产。如果不能批量复制生产，则不具有工业实用性，从而不能申请外观设计专利。想要申请外观设计专利，须满足以下四点：①必须是对产品的外观所作的设计；②是指形状、图案或者其结合的设计以及色彩与形状、图案结合的设计；③必须是适于工业上的应用；④必须富有美感。否则，均不能申请外观设计专利。

此外，有些创新成果能够申请发明专利，有些则不能，我国专利法规定了六大类申请不授予专利权：①科学发现；②智力活动的规则和方法；③疾病的诊断和治疗方法；④动物和植物品种；⑤原子核变换方法以及用原子核变换方法获得的物质；⑥对平面印刷品的图案、色彩或者二者的结合作出的主要起标识作用的设计。

二、专利类科技成果价值评估特点

专利属于无形资产，专利价值评估属于资产评估的范畴，遵循资产评估的相关准则。专利价值评估一般是属于内部管理或某种外部的经济行为，一般由资产评估机构完成，但也可由创新主体内部人员或其他服务机构人员完成。

国际上，专利资产评估有成熟完备的准则体系，包括：国际评估准则委员会（International Valuation Standards Committee，IVSC）制定和推广的《国际评估准则》（International Valuation Standards，IVS），是目前最具影响力的国际性评估专业准则；欧洲评估师协会联合会（The European Group of Valuers Associations，TEGoVA）自 1980 年起制定的《欧洲评估准则》，第 9 版于 2021 年 1 月 1 日生效；美国评估促进会（The Appraisal Foundation，TAF）制定的《专业评估执业统一准则》；英国皇家特许测量师学会（Royal Institution of Chartered Surveyors，RICS）制定的第 2 版《RICS Valuation of Intellectual Property Rights》等，其在国际上也具有较大的影响力。

我国关于专利资产评估也已经形成了相对完备的准则体系，包括《资产评估基本准则》《资产评估职业道德准则》《资产评估执业准则》《资产评估价值类型指导意见》《资产评估对象法律权属指导意见》等基本准则，以及《知识产权评估指南》《专利资产评估指导意见》等针对性的规范性文件❶。

综合国内专利价值评估的实践来看，专利资产价值评估具有以下特点：

（一）严肃性

专利作为记载企业核心技术的载体，其在企业经营过程中起着至关重要的作用，特别是对于科技型公司而言。因此，专利价值的评估应该是独立的、客观的、公证的，具有一定的严肃性。

特别是在企业利用专利进行投融资、转让、许可等经济行为时，评估人员应根据评估目的，客观判断经济行为中各方的地位和诉求、法律风险，在保证严肃性的基础上，为委托人争取最大的利益。

（二）复杂性

专利信息兼具法律、技术、战略、市场、经济等多种属性，在价值评估中，需要对这几种属性进行详细的分析和定位，同时了解各属性之间的关系，是独立的还是关联的关系，各属性对专利价值的贡献程度大小如何，各属性与专利价值是正相关还是负相关等，需要恰当判断、不重不漏。专利价值评估是极其复杂的过程，对评估人员的专业性有较高的要求。

---

❶ 参见 http://www.cas.org.cn/fgzd/pgzc/index.htm。

(三) 灵活性

专利评估的目的或应用场景的多样性决定了开展专利评估工作具有一定的可灵活掌握的空间,主要体现在,针对不同评估目的,在具体评估时,对于影响专利价值的因素可以有侧重地考虑或适度调整评估程序。例如,在专利作价入股或质押等法定或准法定场景中,专利价值的评估应重点关注评估操作的独立性、参数取值的客观性;在专利转让、许可等行为中,除涉及国有资产转让外,由于转让或者许可相关费用一般由交易双方议价所得,在评估中可适当考虑双方的偏好,采纳双方的合理建议;而在企业内部管理中,如筛选高价值专利等内部决策时,则可基于内部需求和当前的条件,兼顾评估的成本,适当地设置评估程序。

三、专利类科技成果价值评估方法

专利价值评估的基本方法有三种:成本法、市场法和收益法。

(一) 成本法

成本法是通过量化开发成本来预估未来经济效益,早期的专利价值评估大多由会计师事务所采用成本法进行。成本法的运用首先需要估测被评估知识产权的重置成本,然后需要测算被评估知识产权已存在的各种贬损因素,将重置成本扣除各种贬值成本后得到被评估知识产权的价值❶。

成本法的基本假设是取得该项资产的成本与其在使用年限内所能够创造的经济服务价值是相称的;并且该项资产必须能够产生一定的经济效益,否则不能运用成本法来评估。同时,在条件允许的情况下,任何理性的投资者对购置一项资产时,愿意支付的最高价格不会超过完成该项资产所需要的建设成本。成本法是进行知识产权价值评估时最直接和最简单的方法,因为它并不需要直接考虑可实现经济效益的金额以及该效益持续的时间周期❷,只需

---

❶ 刘璐琳. 企业知识产权评估方法与实践 [M]. 中国经济出版社, 2018.

❷ 罗素·帕尔, 戈登·史密斯. 知识产权价值评估、开发与侵权赔偿 [M]. 周叔敏, 译. 电子工业出版社, 2012.

要查询被评估知识产权在创造过程中的财务开支数据并结合市场情况进行调整即可❶。但是使用成本法时需要重点考虑贬值成本或贬值率，因为被评估知识产权可能并不是全新的，也可能存在功能和技术落后的情况，以及面临市场困难和外力的影响。

成本法的基本测算公式为：知识产权资产评估价值＝知识产权重置成本－贬值额＝知识产权重置成本×（1－贬值率）。

使用成本法时所涉及的贬值并不完全等同于会计上的贬值，它不仅包括物理性贬值，还包括功能性贬值和经济性贬值❷。

因此，上述公式可以进一步细化：知识产权资产评估价值＝知识产权重置成本－物理性贬值额－功能性贬值额－经济性贬值额。

在实际的知识产权价值评估中，绝大多数知识产权资产并不存在物理性贬值；因此，关键在于对功能性贬值和经济性贬值额度的预测。例如，新的效用更高的知识产权资产的出现使得原有的知识产权资产价值显著降低；政府的采购政策变化使得某些知识产权资产的价值快速贬值。因此，使用成本法来评估知识产权资产价值时，关键是要明确被评估知识产权资产的重置成本以及各种损耗，尤其是功能性贬值额和经济性贬值额。知识产权资产的重置成本以及各种损耗的测算看似割裂，而实质上两者是融合在一起的。

1. 重置成本的测算

对重置成本的测算通常有两种具体的方式：

一是历史成本趋势法。如果某公司拥有创造某种知识产权资产所发生的所有费用记录，那么将这些历史成本运用物价指数换算成现值，就能得到现在创造该项知识产权资产的总成本。这里需要的信息包括项目研发所支出的直接费用成本、间接费用成本，该项资产的市场交易成本，以及相应的专利费用开支等❸。采用历史成本趋势法来测算重置成本时，应结合评估的目的有针对性地选择相应的成本内容。例如，运用历史成本趋势法来测算某一件商标的重置成本时，不仅要考虑开始着手开发的起点以及后续维持的开始日期，

❶ 孔军民. 中国知识产权交易机制研究［M］. 科学出版社，2017.
❷ 俞兴保. 知识产权及其价值评估［M］. 中国审计出版社，1995.
❸ 马天旗，等. 高价值专利培育与评估［M］. 知识产权出版社，2018.

还需要重点考虑创意开发费用、咨询费用、初步消费试验费、包装设计费、广告策划费以及媒体广告费等费用。

二是直接估算法。直接估算法是通过测算与待评估资产类似的知识产权资产成本的方式来估算该项知识产权资产重置成本的方法。简单来说，是通过对标类似知识产权资产价值的方式来实现。直接估算法特别适用于缺乏完整财务数据记录的知识产权资产价值评估。例如对于某个专业软件（A），只要获取相似软件（B）开发的程序员的工资与待遇总额，软件开发时间，软件开发中所发生的场地、设备使用等全部间接费用，以及软件安装和调试等的费用，就能大致测算出专业软件（A）的重置成本❶。

2. 贬值率的测算

知识产权资产的贬值率由知识产权资产损耗决定，但知识产权资产价值损耗与有形资产价值损耗的最大不同之处在于：绝大多数知识产权资产不存在所谓的物理性损耗。因此，知识产权资产的贬值率仅涉及功能性贬值和经济性贬值。在实际对知识产权资产贬值率的测算中，专家鉴定法和剩余寿命预测法是两种常见的方式❷。

一是专家鉴定法。统计方法中的德尔菲法在无形资产评估中具有重要地位，也是获取知识产权资产贬值率最简便、最直接的方法。具体方式是邀请知识产权资产及评估相关领域的专家，对待评估知识产权资产的先进性、适用性等做出判断，直至形成共识结论，从而确定该项知识产权资产的贬值率。

二是剩余寿命预测法。该方法是由专业的、经验丰富的评估人员对知识产权资产的可能剩余经济寿命给出经验性的预测与判断，从而直接估算出该项资产的贬值率。该方法的基本计算公式为：贬值率=已使用年限/（已使用年限+剩余使用年限）。这里的剩余使用年限并不是指该项知识产权的法定保护年限，而是指能为产权主体带来经济效益的年限，通常可以采用专家经验法和技术更新周期法来获得。

尽管成本法计算较为方便简易，但是许多影响知识产权资产价值的因素

---

❶　俞兴保. 知识产权及其价值评估 [M]. 中国审计出版社，1995.
❷　王翊民. 知识产权价值评估研究：基于其法律属性的分析 [D]. 苏州大学，2010.

没有被直接考虑在内。例如，该方法没有直接考虑与某项知识产权资产相关的市场需求及经济收益等信息；对某项知识产权资产的经济收益变化趋势缺乏足够的重视；对某项知识产权资产取得预期效益的风险程度缺乏直接的考虑；对反映折旧影响的调整系数的确定一般来说主观性过强，难以量化；一项科研项目可能衍生出多项知识产权资产，分离单个知识产权资产的成本支付相对比较困难；知识产权资产的创造一般需要复杂的智力活动，具有较高的创造性和探索性，这使得该种成本的适用性有限。从这个意义上说，使用成本法进行知识产权价值评估出现误差的可能性很大，计算出来的结果不能让各方满意。

（二）市场法

市场法，是根据当前公开市场上与被评估专利资产相似的或可比的参照物的价值，经过适当的价格调整后来确定被评估专利资产价值的方法。

专利资产属于知识产权资产的一种，区别于有形资产，其可比性因素除了要考虑知识产权资产的法律属性、技术特点、功能作用等，还需要考虑诸如该项资产所应用的行业、获利能力、利润、新技术、进入障碍、增长前景、剩余生命周期等诸多因素❶。

运用市场法的难点在于调整系数的确定。调整系数的确定通常只能采用经验法等主观评估的方式进行，需要考虑的因素大致包括：参照物的交易时间与待评估知识产权资产的评估时间差异、待评估知识产权资产与参照物交易的地域差异、知识产权在生产经营中作用效用的差异等❷。如果没有结合相应的知识产权特征进行系数调整，可能会导致评估价值出现较大的误差，严重偏离待评估知识产权资产的实际价值。

运用市场法评估专利资产价值具有一定的优势和合理性。所选择的参照专利资产是市场上各交易主体竞价所得到的均衡价格，容易被各方所接受。同时，市场法并不需要完整详细的财务记录数据，也不需要特别复杂的数学

---

❶　陈静. 知识产权资本化的条件与价值评估［J］. 学术界，2015（8）：90-99，325.
❷　周正柱，朱可超. 知识产权价值评估研究最新进展与述评［J］. 现代情报，2015，35（10）：174-177.

模型。如果相关行业知识产权交易市场比较成熟，也可以直接运用知识产权交易的标准费率或业界标准。以美国为例，小说和商业性图书的作者可获得零售价格 10% 或 15% 的使用费；更为专业的、小众的图书作者则通常获取15% ~ 20% 的使用费。一些国外的组织机构，如知识产权研究协会制定了电子行业的专利使用费标准，即最低 0.5%、最高 15.0% 的运营销售许可费率。

然而，在实践中运用市场法来对专利资产进行估值的案例相对较少。第一，运用市场法需要一个非常成熟的知识产权交易市场，但我国的各类知识产权交易市场相对并不完善和成熟。第二，多数市场上已经成交的知识产权资产涉及诸多商业秘密，获取完整的信息相对比较困难，即便得到了相应的价格信息，也很有可能包括诸多其他利益方面的考虑。第三，由于知识产权尤其是专利的新颖性和创造性特征[1]，很难在市场上找到可比对的、类似的知识产权资产。第四，知识产权资产的交易可能与其他类型资产的交易连带发生，很难做到准确评估每项无形资产的价值。正是源于此，市场法在实践中应用的概率并不高。

(三) 收益法

评估专利资产价值的收益法，是将专利资产未来经济效益折算成现值以确定专利资产价值的方法，是当前国内外企业进行专利价值评估最常采用的方法[2]。该方法的基本假设是：一个理智的投资者在购置或投资某一资产时，所愿意支付或投资的货币数额不会高于他所购置或投资的资产在未来能产生的回报。

收益法评估知识产权资产价值的核心三要素是收益额、折现率和收益期限。因此，在运用收益法评估知识产权资产价值时，一是需要依据以往的盈利能力来预测未来的现金流收益；二是能够预测被评估知识产权资产取得预期收益的持续时间；三是需要确定每一个周期内现金流所对应的折现率。

---

[1] DIAMOND P A, HAUSMAN J A. Contingent Valuation：Is Some Number Better than No Number?[J]. Journal of Economic Perspectives, 1994, 8 (4)：45-64.

[2] 董晓峰, 李小英. 对我国知识产权评估方法的调查分析 [J]. 经济问题探索, 2005 (5)：120-126.

收益法的基本测算公式为：

$$P = \sum_{t=1}^{n} \frac{R_t}{(1+r)^t}$$

式中：P 为被评估知识产权资产的价值；R_t 为第 t 个周期内的预期收益额；r 为对应年份的折现率；t 为具体年限；n 为收益年限。

1. 收益额的测算

由于一项知识产权资产所带来的效益贡献通常无法单独测算，替代的方式是测算企业经营运作后的总体收益，然后对其进行分成。当前主要采用四种方法来确定收益额。

一是直接估算法。对知识产权主体而言，其预期收益可分为溢价型和节约成本型两种。对于前者，其计算方式是使用一项知识产权资产前后的价格差，乘以当期的销售量；对于后者，其计算方式是使用某项知识产权资产前后的成本差，乘以产品销售量（此时假定前后价格没有变化）。

二是差额估算法。该种方法是指将采用某项知识产权资产之后的经营利润与行业平均水平进行比较，从而得到相应的超额收益。其计算公式是：超额收益=经营利润-知识产权总额×行业平均利润率。

三是分成率法。此种方法是目前国内外比较常用的一种实用方式。通常来说，分成率包括销售收入分成率和销售利润分成率。其基本计算公式是：收益额=销售收入×销售收入分成率或者销售利润分成率。这里分成率的计算准确与否直接决定了该种方法的准确性。在具体实践中，对于分成率计算通常采用三种方法：边际分析法，以知识产权受让方运用知识产权前后的利润差额除以使用知识产权后的利润总额计算得出；三分法，资金、技术和经营能力各占利润或者销售总额的1/3；四分法，资金、劳动、技术和管理各占利润或者销售总额的1/4。

四是行业惯例。联合国工业发展组织经过大量的论证考察之后认为，技术的销售收入分成率的范围为0.5%~10%。进一步分析发现，销售收入分成率具有显著的行业差异特征：石油化工行业销售收入分成率为0.5%~2%；制药行业销售收入分成率为 2.5% ~ 4%；汽车行业销售收入分成率为 4.5% ~ 6%❶。在实际的评估中，一般结合具体情况对行业标准分成率通过调整相应的参数得到。

2. 折现率的测算

折现率从本质上来看就是期望投资回报率，它是比较难以测算并且敏感性较强的参数。包括通货膨胀、变现能力、实际利率、风险报酬等在内的诸多因素都会影响折现率。在实践中常常采用的折现率测算方法主要有两种。

一是风险累加法。该方法要求对每个风险因素确定相应的补偿报酬率，然后加总作为折现率的刻画指标。例如在实践中，折现率通常包括享用延迟、非流动性调整、机会成本、在未来时段的通胀率、不确定性或风险五个部分❷，对应的影响率分别为 1%、2%、2%、4% 和 18%，那么折现率将为 27%。

二是加权平均资本成本模型。该方法将加权平均资本成本作为折现率的刻画指标。加权平均资本成本 = 股权成本×（股权市场价值/总资产市场价值）+债务成本×（1-税率）×（债务市场价值/总资产市场价值)❸。

3. 收益期限的测算

收益期限指的是知识产权获取收益的持续时间。与有形资产不同，知识产权资产的收益期限是由无形损耗来决定的，与法律或契约所规定的期限也有所不同；此外，随着知识产权经济时代的到来，知识产权的收益期限在快速缩短。对收益期限的测算通常需要同时采用法定保护期限法、更新周期法和剩余寿命预测法三种方法，进而比较不同方法所测算的期限，以期限最短者作为收益期限的最终值。

法定保护期限，通常指专利的保护年限或者合同约定的期限，也是最长的收益期限。这里需要注意的一个关键问题是在法定保护期内是否还有价值。例如，各国法律都规定了著作权享有很长的法律保护期，但是它能带来的经

❶ 刘璘琳. 企业知识产权评估方法与实践［M］. 中国经济出版社，2018.
❷ WILLIAM J MURPHY. 专利估值：通过分析改进决策［M］. 张秉斋，等译. 知识产权出版社，2017.
❸ 孔军民. 中国知识产权交易机制研究［M］. 科学出版社，2017.

济收益的时间一般远低于法定期限。

更新周期法，是指采用知识产权资产的更新周期加以评估。使用该方法评估知识产权收益期限，要特别关注与之相关联的产品或技术处于生命周期的哪个阶段。例如，电子计算机的更新周期较短，从根本上决定了相应的无形资产的更新速度较快。采用更新周期法时，通常的做法是依据同类知识产权资产的经验材料进行判断。

剩余寿命预测法，是直接评估某项知识产权资产还可以使用的年限。使用该方法来评估知识产权收益期限，要特别关注当前产品的市场竞争情况、所处的生命周期阶段、可替代技术的发展状态、技术更新的情况等因素。由于影响因素繁多，很难采用精确的测量方法，通常的做法是由技术专家、评估专家和市场营销专家等组成评估团队来加以综合性测算。

收益法评估知识产权价值的优势在于综合考虑了影响收益的诸多因素，尤其是将货币时间价值的影响纳入模型，结合知识产权未来收益和折现率折合成现值来加以评价，使得价值评估更科学、合理，符合客观现实的实际需求。理论研究显示，收益法是专利、商标与商誉、版权等的首选价值评估方法。同样，在实践中采用这种方法也容易获得供求双方的认可。

尽管收益法具有诸多优势，但在实际运用中也存在一些局限性：一是单一知识产权的功效很难进行评估以及知识产权未来收益的测算影响因素较多，知识产权超额收益的测算较难；二是折现率的测算假设折现率每年固定不变，这一点与实际不符，加之当前折现率的测评多以主观评价为主，不同方法预测的折现率可能显著不同，因此无论采用何种方法来测算折现率，均会影响结果的可靠性；三是知识产权的预期收益期限与市场状态、产品或技术生命周期等密切相关，确认比较困难。

通过对成本法、市场法、收益法三种常用的知识产权价值评估方法的介绍与分析，可以看出三种方法各有优缺点。同时，也提示我们要规避一些关于知识产权价值评估的错误观念：一是知识产权价值评估只能由专家来评估。尽管外部评估专家有益于价值评估，但完全将其交给专家并不合理，因为很多需要输入的信息依赖于知识产权的创造者和决策者。二是估值结果远远重要于估值过程。知识产权价值评估实质上是一个"投入—转换—产出"的过程，估值结果的准确性取决于测评方法的选择、各种信息数据的质量以及具体操作解读的能力。三是方法越定量化估值结果越准确。如果仅仅是追求数据，输入的数据可能会出现不合理、不完善甚至不正确的情况，反而会带来误差较大的结果，甚至完全不能体现知识产权的价值。四是知识产权价值评估的结果一定是精确的值。由于知识产权的特性以及整个过程的复杂性，难以绝对精确地给出某项知识产权的价值，但并不意味着知识产权价值评估是无用的，这就要求供求各方学会使用和解读估值结果。五是存在一种确定的最优的知识产权价值评估方法。事实上，知识产权价值评估是科学与艺术的结合，每种方法都有其优点和缺陷。

四、专利类科技成果价值评估流程

专利价值评估的流程基本与中评协《资产评估执业准则——资产评估程序》中的资产评估基本程序一致，如图4-1所示，包括：明确业务基本事项；订立业务委托合同；编制资产评估计划；进行评估现场调查；收集整理评估资料；评定估算形成结论；编制出具评估报告；整理归集评估档案。

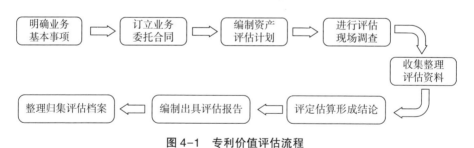

图4-1 专利价值评估流程

（一）明确业务基本事项

明确下列资产评估业务基本事项：

1）委托人、产权持有人和委托人以外的其他资产评估报告使用人。

2）评估目的。

3）评估对象和评估范围。

4）价值类型。

5）评估基准日。

6）资产评估报告使用范围。

7）资产评估报告提交期限及方式。

8）评估服务费及支付方式。

9）委托人、其他相关当事人与资产评估机构及其资产评估专业人员工作配合和协助等需要明确的重要事项。

（二）订立业务委托合同

资产评估机构受理资产评估业务前，应当与委托人依法订立资产评估委托合同，约定资产评估机构和委托人权利、义务、违约责任及争议解决等内容。

（三）编制资产评估计划

资产评估专业人员应当根据资产评估业务具体情况编制资产评估计划，并合理确定资产评估计划的繁简程度。资产评估计划包括资产评估业务实施的主要过程及时间进度、人员安排等。

（四）进行评估现场调查

评估人员对评估对象进行现场调查，获取评估业务需要的资料，了解评估对象现状，关注评估对象法律权属。现场调查手段通常包括询问、访谈、核对、监盘、勘查等。评估人员可以根据重要性原则采用逐项或者抽样的方式进行现场调查。

（五）收集整理评估资料

主要包括：委托人或者其他相关当事人提供的涉及评估对象和评估范围等的资料；从政府部门、各类专业机构以及市场等渠道获取的其他资料。同时，要求委托人或者其他相关当事人对其提供的资产评估明细表及其他重要资料进行确认，确认方式包括签字、盖章及法律允许的其他方式。

此外，评估人员要依法对资产评估活动中使用的资料进行核查验证。核查验证的方式通常包括观察、询问、书面审查、实地调查、查询、函证、复核等。

（六）评定估算形成结论

根据资产评估业务具体情况对收集的评估资料进行分析、归纳和整理，形成评定估算和编制资产评估报告的依据，根据评估目的、评估对象、价值类型、资料收集等情况，分析市场法、收益法和成本法三种资产评估基本方法的适用性，选择评估方法，选取相应的公式和参数进行分析、计算和判断，形成测算结果。对形成的测算结果进行综合分析，形成评估结论。

最后，编制出具评估报告并整理归集评估档案。

五、专利类科技成果价值评估应用案例

（一）质押融资场景中的专利价值评估案例❶——收益法

随着市场进入销售旺季，企业亟须较多的运营资金。结合当时的政策东风，A公司高层决定，拟以"一种小型海水淡化装置"实用新型专利向银行进行质押贷款。为此，该公司经深入了解后委托某资深专利评估机构进行专利资产价值评估，为专利权质押贷款这一经济行为提供价值参考依据。

此次的评估对象是A公司"一种小型海水淡化装置"实用新型专利。根据其《实用新型专利证书》，主要内容如下：实用新型名称，一种小型海水淡化装置；专利号，ZL200820103336.0；授权公告日，2009年9月6日；授权公告号，CN203109871Y；申请日，2008年8月5日。经过清查分析之后发现，A公司为18项发明专利的专利权人，并按时缴纳专利年费；也未对这18项专利进行对外转让或许可使用，未涉及法律诉讼，无历史质押记录，符合银行的质押条件。结合银行相关尽职调查以及公司情况，将该项目专利评估基准日确定为2009年9月30日。

已知知识产权资产价值评估的常用方法有成本法、市场法及收益法三种。由于A公司待评估专利的投入与产出效益之间的对应性弱，很难采用成本法加以测算；同样，很难在市场上找到类似的专利交易案例，故而也不宜采用

---

❶ 参见 https://wenku.baidu.com/view/5dbefd5dc181e53a580216fc700abb68a882ad61.html。

市场法。同时，由于能用货币衡量其未来期望收益的单项或整体资产承担的风险也必须是能用货币衡量的，因此选用收益法。具体的方式是通过利润分成的方式来得到这些专利资产的预期收益，再结合适当的折现率加以计算，从而得出评估值。

根据收益法的基本测算方法及公式，专利技术的预期收益＝专利产品的未来收益×利润分成率，具体参数的选择与测算结果如下。

1. 专利经济寿命的测算

对于专利而言，其经济寿命由权利寿命及经济收益寿命两个方面测算的最小值来确定。本项目涉及的是一项实用新型专利，其有效保护期为10年。另外，由于没有未按时缴纳年费等原因导致的专利权终止，权利寿命就是法定保护收益期限的上限。由于待评估专利涉及的研究领域技术更新换代比较快，使得该领域专利的经济寿命逐步缩短。经过系统分析待评估专利的特点以及同行业领域内一般技术的实际经济寿命后，确定其技术寿命为10年，截至评估基准日已经过了1年，因此，该项专利的经济收益寿命为9年。

2. 未来收益额的测算

测算自评估基准日起6年内的主营业务收入、主营业务成本、营业税金及附加、营业费用、管理费用、财务费用及企业所得税等，进而测算出未来6年的净利润，对于第7~9年，企业进入相对稳定的经营状态，将其收益保持在与第6年等额的水平。

1）主营业务收入的预测。首先进行销售价格的预测。在未来的6年内，考虑主要原料价格下降、竞争导致的降价及国家相关政策的影响，企业产品销售单价平均每年下降3%，销售价格预测见表4-1。

表4-1　产品销售价格预测

单位：元

规格	第1年	第2年	第3年	第4年	第5年	第6~9年每年
2t 设备	32000	31040	30109	29206	28329	27479
5t 设备	80000	77600	75272	73014	70823	68699
20t 海水淡化工程	340000	329800	319906	310309	301000	291970

续表

规格	第1年	第2年	第3年	第4年	第5年	第6~9年每年
50t 海水淡化工程	880000	853600	827992	803152	779058	755686
500t 海水淡化工程	3400000	3298000	3199060	3103088	3009996	2919696

其次进行销售数量的预测。根据已签订的销售合同及意向书等，结合市场情况，对第1年的销量依据合同与意向书加以确定，由于项目正在建设当中，第2年的销量按第3年的1/3执行，第3年建成达到预期产品销量，第4~6年预计分别比前一年增长5%。销售数量预测见表4-2。

表4-2　销售数量预测 单位：台

规格	第1年	第2年	第3年	第4年	第5年	第6~9年每年
2t 设备	500	1667	5000	5250	5513	5788
5t 设备	100	100	300	315	331	347
20t 海水淡化工程	30	33	100	105	110	116
50t 海水淡化工程	2	10	30	32	33	35
500t 海水淡化工程	1	10	30	32	33	35

依据对销售价格和销售数量的预测，可以计算出未来9年每年的主营业务收入，见表4-3。

表4-3　主营业务收入预测 单位：万元

规格	第1年	第2年	第3年	第4年	第5年	第6~9年每年
2t 设备	1600.00	5174.37	15054.50	15333.15	15617.78	15904.85
5t 设备	800.00	776.00	2258.16	2299.94	2344.24	2383.86
20t 海水淡化工程	1020.00	1088.34	3199.06	3258.24	3311.00	3386.85
50t 海水淡化工程	176.00	853.60	2483.98	2570.09	2570.89	2644.90
500t 海水淡化工程	340.00	3298.00	9597.18	9929.88	9932.99	10218.94
合　计	3936.00	11190.31	32592.88	33391.30	33776.90	34539.40

2）主营业务成本的测算。首先计算材料成本，随着材料科学的进步，膜材料和膜组件的成本将呈现加速下降的趋势。结合评估对象实际情况，对海水取水系统、微电解系统、辅助系统价格按每年下降3%计算；反渗透系统价

格每年按6%下降。根据各种产品材料成本及产品销售数量的测算，可以得出未来的材料成本，见表4-4。

表4-4　原材料成本预测

单位：万元

规格	第1年	第2年	第3年	第4年	第5年	第6~9年每年
2t设备	879.50	2787.17	7948.03	7936.14	7926.10	7917.91
5t设备	473.50	449.89	1282.66	1280.21	1278.06	1276.20
20t海水淡化工程	471.30	493.40	1423.32	1423.01	1423.05	1423.43
50t海水淡化工程	70.22	333.50	950.57	948.49	946.63	944.98
500t海水淡化工程	155.89	1485.69	4248.78	4253.77	4259.82	4266.92
合　计	2050.41	5549.65	15853.36	15841.62	15833.66	15829.44

其次是主营业务成本的测算。企业主营业务成本主要包括原材料成本、燃料动力、生产工人工资福利和社保及公积金等、其他直接支出、固定资产折旧以及其他制造费用等。参考海水淡化主营业务成本水平，在原材料上涨对材料成本的影响基础上，通过不断采购国产化原材料，以及规模化的生产管理，控制原材料成本、燃料动力占收入的比例。对于生产工人工资、福利、社保及公积金等，根据企业提供的员工编制及工资计划，结合现行有关规定及企业实际情况进行预测。对于固定资产折旧，根据企业的固定资产投资计划，对生产用房及设备计提折旧，其中生产用房按20年、生产设备按10年计提折旧，不计残值，从第2年开始计提折旧。对于其他直接支出及其他制造费用，考虑到其在成本中所占比重较小，按照原材料的一定比例预测。对主营业务成本的测算结果见表4-5。

表4-5　主营业务成本预测

单位：万元

序号	项目	第1年	第2年	第3年	第4年	第5年	第6~9年每年
1	原材料	2050.41	5549.66	15853.36	15841.62	15833.66	15829.44
2	燃料动力	82.02	221.99	634.13	633.67	633.35	633.18
3	职工工资	253.24	1029.80	2021.80	2226.00	2449.00	2449.00
4	职工福利费	17.73	72.09	141.53	155.82	171.43	171.43
5	工会经费	5.06	20.60	40.44	44.52	48.98	48.98

续表

序号	项目	第1年	第2年	第3年	第4年	第5年	第6~9年每年
6	职工教育经费	3.80	15.45	30.33	33.39	36.74	36.74
7	社保及住房公积金等	45.58	185.36	363.92	400.68	440.82	440.82
8	其他直接支出	41.01	110.99	317.07	316.83	316.67	316.59
9	折旧费	0	177.00	401.00	401.00	401.00	401.00
10	其他制造费用	20.50	55.50	158.53	158.42	158.34	158.29
	合计	2519.35	7438.44	19962.11	20211.95	20489.99	20485.47

最后是进行税金及附加的测算。企业应交的增值税率为17%；需缴纳的附加税有城市维护建设税，税率为应交增值税的7%；教育费附加，税率为应交增值税的3%；地方教育费附加，税率为应交增值税的1%，合计为11%。税金及附加的测算结果见表4-6。

表4-6 税金及附加测算结果

单位：万元

项目	第1年	第2年	第3年	第4年	第5年	第6~9年每年
主营业务收入	3936.00	11190.31	32592.88	33391.30	33776.90	34539.40
产品材料成本	2050.41	5549.65	15853.36	15841.62	15833.66	15829.44
销项税	669.12	1902.35	5540.79	5676.52	5742.07	5871.70
进项税	348.57	943.44	2695.07	2693.08	2691.72	2691.00
应交增值税	320.55	958.91	2845.72	2983.44	3050.35	3180.70
税金及附加	35.26	105.48	313.03	328.18	335.54	349.88

3）相关费用的测算，包括营业费用、管理费用、财务费用等。营业费用主要包括销售人员工资福利和社保及公积金等、宣传广告费及销售人员差旅费等。参照同行业类似企业的经营数据，结合本公司实际情况，营业费用占主营收入的比重在8%左右。管理费用主要包括管理人员工资福利和社保及公积金等、管理人员差旅费、技术开发费及无形资产摊销等。其中技术开发费参照高新技术企业标准，占6%；无形资产按10年摊销，从第1年开始计算。参照同行业类似企业的经营数据，结合本公司实际情况，管理费用占主营收入的比重在11%左右；财务费用主要为借款利息支出。

4）测算企业追加投资。追加投资涉及固定资产的，考虑其在收益期的折旧与摊销。根据企业的投资计划，第 1~2 年完成固定资产投资 7000 万元，铺底流动资金 3000 万元，此后在评估收益期内无追加投资计划；固定资产折旧系根据企业的固定资产投资计划，对生产用房及设备计提折旧，其中生产用房按 20 年、生产设备按 10 年计提折旧，不计残值，从第 2 年开始计提折旧。

5）净利润的测算。根据以上对评估基准日后第 1~6 年主营业务收入、主营业务成本、税金及附加、营业费用、管理费用及企业所得税等的预测，测算出未来 6 年净利润，对于第 7~9 年，企业进入稳定的经营期，因此其收益保持与第 6 年等额的水平。净利润的测算结果见表 4-7。

表 4-7　净利润测算结果　　　　　　　　单位：万元

项　　目	2009 年	2010 年	2011 年	2012 年	2013 年	2014~2018 年
一、主营业务收入	3936.00	11190.31	32592.88	33391.30	33776.90	34539.40
减：主营业务成本	2519.35	7438.44	19962.11	20211.95	20489.99	20485.47
税金及附加	35.26	105.48	313.03	328.18	335.54	349.88
二、主营业务利润	1381.39	3646.39	12317.84	12815.17	12951.37	13704.52
减：营业费用	252.09	960.31	2483.88	2509.50	2535.60	2562.19
管理费用	753.46	1794.29	3743.07	3791.97	3841.77	3892.50
财务费用	29.70	29.70	29.70	29.70	29.70	29.70
三、营业利润	346.14	862.09	6061.19	6484.00	6544.30	7220.13
四、利润总额	346.14	862.09	6061.19	6484.00	6544.30	7220.13
减：所得税	—	—	—	—	—	—
五、净利润	346.14	862.09	6061.19	6484.00	6544.30	7220.13

3. 利润分成率的测算

在任何一个企业盈利要素中，管理、技术、人力、物力、财力以及无形资产将共同作用，对企业的收益做出贡献，知识产权作为特定的生产要素，参与企业收益的分配。通过对被评估技术进行切合实际的分析，综合考虑到企业拥有各项技术的技术特点、产品的创新性、技术水平、竞争能力及市场前景，企业拥有各项技术的利润分成率取值为 25%；进一步通过德尔菲法，征求专家意见，确定了待评估专利在全部技术中的权重，即47.95%。从而可得出利润分成率＝47.95%×25%＝11.99%。

4. 折现率的测算

结合实际需要，此次评估采用累加法计算折现率。基本计算公式为：折现率＝无风险报酬率＋风险报酬率。其中，风险报酬率＝行业风险报酬率＋委估对象的特有风险报酬率。

1）无风险报酬率的测算。无风险报酬率为评估基准日的中长期国债利率换算为一年期一次付息利率。我国2008年五年期国债利率为5.53%，考虑复利因素，五年期国债的一年付息利率为（1+5×5.53%）$^{1/5}$-1=5.00%。

2）风险报酬率。行业风险报酬率可以参考行业净资产收益率确定，上市公司的年报是判断行业净资产收益率的重要资料。通过对8家公司的平均净资产收益率进行系统分析，取其平均值9.69%，再扣除无风险报酬率5%，从而得到风险报酬率为4.69%。此外，综合考虑待评估专利特有的技术风险、市场风险、资金风险及管理风险等主要因素，待评估专利的特有风险报酬率＝技术风险系数＋市场风险系数+资金风险系数+管理风险系数＝3.00%+3.02%+4.00%+4.00%=14.02%。

综上，折现率=5.00%+（4.69%+14.02%）=23.71%。

结合收益法测算公式，最终得到委托评估的专利价值结果。截至评估基准日2009年9月30日，纳入本次评估范围的A公司的"一种小型海水淡化装置"实用新型专利，专利经济寿命为9年，未来9年内各年度的收益额测算如表4-7所示，净利润分成率为11.99%，折现率为23.71%，结合收益法测算公式，将未来收益额折现到评估当下，最终得到专利评估价值为1792万元。

（二）作价入股场景中的专利价值评估案例❶——成本法

B研究所在实施一项重大科研项目的过程中，完成了一种名为"生物胶原材料及其在子宫内膜修复中的应用"的创造性成果，并围绕该项成果申请

---

❶ 马天旗. 高价值专利培育与评估［M］. 知识产权出版社，2018.

了 3 项发明专利，成功获得授权。该研究所决定对这 3 项发明专利进行作价投资，并选择 Z 评估公司进行相应的专利价值评估。

本次评估涉及的标的是该研究所的与"生物胶原材料及其在子宫内膜修复中的应用"相关的 3 项发明专利，其专利申请日为 2014 年 12 月 15 日，授权日均在 2016 年 12 月。

依据研究所作价投资的具体需求，Z 评估公司决定将市场价值作为价值评估的类型；为了便于进行相关的资料收集、核实以及作价投资之后的会计处理工作，将评估基准日确定为 2017 年 4 月 30 日。

由于该研究所已经建立了相对比较完善的科研经费申报和统计机制，关于此项成果研发过程有着较为详细的研发支出记录，并且科研计划的制定与实施有着良好的效果，大致具备了使用成本法的条件。因此，Z 评估公司决定选用成本法来进行价值评估。

根据成本法的基本测算公式，具体指标的选取与预测如下。

1. 重置成本的测算

涉及的 3 项专利均为 B 研究所自主研发所得，重置成本的计算方式是，修正后的专利原始成本加上合理的利润。这里首先需要计算的是专利原始成本。通常来说，专利原始成本由研制成本和交易成本两部分构成。其中，研制成本又包括直接成本和间接成本。

直接成本泛指研发过程中直接投入的费用，具体包括材料费、工资费用、专用设备费、资料费、咨询鉴定费、协作费、培训费、差旅费，以及保险费、专利申请费等其他直接投入的经费。间接成本指的是与研发相关的费用，主要包括管理费、非专用设备折旧费、公共费用及能源分摊费等。

交易成本指的是市场交易过程中产生的费用支出，主要包括：技术服务费，卖方为买方提供相关技术服务的支出；差旅费及管理费，参加交易谈判的差旅费、食宿费等；手续费，交易相关的公证费、咨询费等；税金，知识产权交易中应该缴纳的税费；广告宣传费用及其他费用支出。

Z 评估公司在调研和与 B 研究所沟通基础上，得到了 3 项发明专利的原始成本，见表 4-8。

表4-8　3项发明专利的原始成本　　　　　　单位：万元

项　目	投入年份			合计
	2012 年	2013 年	2014 年	
研制成本	216.60	258.70	288.30	763.60
直接成本	60.60	89.70	113.30	263.60
材料费	46.00	68.00	92.00	206.00
专用设备费	6.00	10.00	4.00	20.00
资料费	0.30	0.20	0.20	0.70
外协费	—	—	—	—
咨询费	0.20	1.00	5.00	6.20
培训费	0.50	0.50	0.70	1.70
差旅费	1.00	1.20	1.30	3.50
管理费	2.00	2.50	3.50	8.00
折旧费	3.50	4.70	5.00	13.20
分摊费	1.10	1.20	1.60	3.90
其他直接费用	—	0.40	—	0.40
间接成本	156.00	169.00	175.00	500.00
技术人员薪酬	156.00	169.00	175.00	500.00
交易成本	16.50	14.50	16.40	47.40
技术服务费	15.00	13.00	12.00	40.00
差旅费和管理费	0.60	0.80	1.40	2.80
有关手续费	—	—	3.00	3.00
交易税金	—	—	—	—
广告、宣传费	—	—	—	—
其他费用	0.90	0.70	—	1.60
合计	233.10	273.20	304.70	811.00

　　在获取原始成本相关数据明细的基础上，Z 评估公司又进一步依据现行价格标准进行了修正，得到修正后的专利成本，见表4-9。

表 4-9　3 项发明专利修正后的原始成本　　　　　单位：万元

项目	投入年份			合计
	2012 年	2013 年	2014 年	
研制成本	290.20	318.60	338.00	946.80
直接成本	75.20	103.60	123.00	301.80
材料费	59.80	81.60	101.20	242.60
专用设备费	6.30	10.00	4.00	20.30
资料费	0.30	0.20	0.20	0.70
外协费	—	—	—	—
咨询费	0.20	1.00	5.00	6.20
培训费	0.50	0.50	0.70	1.70
差旅费	1.00	1.20	1.30	3.50
管理费	2.00	2.50	3.50	8.00
折旧费	4.00	5.00	5.50	14.50
分摊费	1.10	1.20	1.60	3.90
其他直接费用	—	0.40	—	0.40
间接成本	215.00	215.00	215.00	645.00
技术人员薪酬	215.00	215.00	215.00	645.00
交易成本	16.50	14.50	16.40	47.40
技术服务费	15.00	13.00	12.00	40.00
差旅费和管理费	0.60	0.80	1.40	2.80
有关手续费	—	—	3.00	3.00
交易税金	—	—	—	—
广告、宣传费	—	—	—	—
其他费用	0.90	0.70	—	1.60
合计	306.70	333.10	354.40	994.20

　　此外，Z 评估公司结合 B 研究所的平均资本收益率测算出了期望获取的合理利润值。最终得到了 3 项专利的重置成本＝修正后原始成本×（1+合理利润率）＝994.20 万元×（1+9.6%）＝1090 万元。

　　2. 贬值率的测算

　　3 项专利贬值率的测算按照如下方式进行：

贬值率=专利已存在年限/（专利已存在年限+尚可使用年限）

3 项专利从申请之日起到专利评估基准日，已经存在了 2.4 年。Z 评估公司又结合该行业技术的发展趋势、产品生命周期、法定保护期进行了综合判断，确定 3 项待评估专利的尚可使用年限为 8 年。从而得出贬值率=2.4 年/（2.4 年+8 年）=0.23。

结合重置成本以及贬值率，可计算得出 3 项专利资产在评估基准日的市场价值=1090 万元×（1-0.23）=839 万元。

（三）药物专利价值评估案例❶——市场法

2008 年 11 月 20 日，艾曲波帕片作为短期治疗慢性特发性血小板减少性紫癜（ITP）药物在美国首次上市，之后又于 2010 年 5 月 27 日在英国上市，目前在加拿大、智利、俄罗斯、科威特和委内瑞拉等 90 多个国家已获准上市，批准适应症为慢性 ITP 治疗。

小分子血小板生成素受体激动剂艾曲波帕片（商品名：Promacta）主要用于慢性丙型肝炎患者的血小板减少症治疗。该类患者由于体内血小板数量偏低，无法接受丙型肝炎常用手段干扰素的治疗，艾曲波帕片是首个获批用于该类患者的支持性治疗药物。新药研发公司北京蓝贝望生物医药科技股份有限公司开发了艾曲波帕原料及片剂，2014 年 9 月提交北京市药品监督管理局，临床注册申请获受理。沈阳三生制药有限责任公司希望北京蓝贝望生物医药科技股份有限公司能够转让艾曲波帕原料及片临床批件。

市场法通行的做法就是参考在市场上已经发生的转让行为中对类似项目的评估值，作为评估待分析无形资产价值的基础。该种方法在新药行业有着不错的应用空间。评估公司对申报同品种的五家企业中的三家研发型企业进行电话咨询，因为其余两家企业的产品已经进行了实质转让。通过与行业内专业人员的沟通，获得两家公司转让的价格分别为 500 万元和 550 万元。通过对上市公司的相关公告以及新闻媒体报道的收集与分析，得到多个品种的化药 3 类新药转让信息，包括价格，具体见表 4-10。

---

❶ 单磊，戴莉萍. 创新药物知识产权转让价值评估方法及案例分析 [J]. 广东知识产权，(40).

表 4-10　化药 3 类新药转让价格参考表

新药品种	转让单位	受让单位	时间	信息来源	转让价格
吡非尼酮	陕西合成	北京凯因	2011 年	电话咨询	410 万元
阿伐那非	—	昆明制药	2013 年	公司公告	500 万元
阿伐那非	山东药研	—	2014 年	电话咨询	550 万元
莫达非尼	军科院	桂林三金	2011 年	公司公告	800 万元
艾曲波帕	南京华威	—	2014 年	电话咨询	550 万元

3 类化药的临床前转让价格大多为 400 万~800 万元。同品种项目转让价格为 550 万元。因此，可以大致预测该药物专利的评估价为 550 万元。

第二节　专利类科技成果价值评估指标体系

国内外关于专利价值评估指标体系的研究成果及工具较多，包括定量评价及定性评价或者两者结合。对专利的法律价值、技术价值、经济价值等进行评估，最终对评估结果进行量化，该量化结果可作为成本法、收益法、市场法中专利价值的影响因素，如可作为收益法中技术分成率影响因素、市场法中可比交易价值的修正因子、成本法中重置成本或贬值率的影响因素等。

马天旗等[1]对国内外专利价值评估指标体系及工具进行了较为详细的研究，介绍了各个指标体系及其优势和不足，本节着重介绍国内外专利价值评估主要的几种指标体系。

一、国外主要指标体系

主要介绍 IPScore、Patent Strength、Patent Rating、IP Strength Index、Patent Scorecard 和 SMART3 六种专利价值评估指标体系。

（一）IPScore

IPScore 最初由丹麦专利局与哥本哈根商学院合作研发，用于评估专利或

---

[1]　马天旗，等. 高价值专利筛选［M］. 知识产权出版社，2018.

技术项目的价值。因其使用相对简便并且结果参考性较强，被欧洲公司尤其是中小企业广泛使用，随后该软件成为欧洲专利局官方认定的普及版评估软件。

IPScore 将输入数据全部设置为"选择题"，如图 4-2 所示，分为法律状态、技术状况、市场环境、财务指标以及公司战略五个维度共计 40 个问题，每个问题都有对应的选项供使用者选择，用以描述专利的各个属性。指标中包括客观指标、主观指标、半主观指标，且有的指标较难确定。

图 4-2 IPScore 输入数据

（二）Patent Strength

Patent Strength 是 Innography 独创的专利评价指标。Innography 专利分析工具由美国 Dialog 公司（现已被 CPA Global 收购）开发，通过分析专利强度，鉴定专利的价值高低。

Innography 指标体系包括权利要求数量、引用次数和被引次数、专利家族规模、从申请到公开的时间长度、专利年龄、普遍性与原创性等。其中，前 5 项指标均为常规定义，普遍性与原创性是对专利应用技术领域广度的判断，主要依据被评专利与其他专利或科技文献之间的引用关系。

（三）Patent Rating

Patent Ratings 系统由 Ocean Tomo 公司研发，是基于回归统计思想的量化专利评价方法，数据基础为自 1983 年以来的 400 万个专利。其以现有的专利价值信息为基础，结合引用率等专利量化指标进行统计回归分析得出动态模型，并根据模型进一步预测未来的专利价值走向，指标体系见表 4-11。

表 4-11　Patent Rating 指标体系

指标类型	一级指标
宏观专利指标	美国专利总量变化趋势
	平均存活期
	不同领域侵权率
	不同领域失效率
	不同年限失效率
	不同年限维持率
	不同年限放弃率

续表

指标类型	一级指标
专利自身指标	引用率
	申请日
	优先权日
	公告日
	法律状态
	发明人
	专利权人
	技术领域
	美国专利技术分类号
	国际技术分类号
	国内优先权案件数
	同族专利件数
	权利要求项数
	权利要求字数
企业相关指标	专利衰退率
	专利收入变化
	新旧专利迭代
	公司技术范围

Patent Ratings 系统与 Ocean Tomo 公司知识产权交易业务、Ocean Tomo 300 专利指数（2006 年由 Ocean Tomo 公司与美国证券交易所联合发布的世界上第一个以公司智慧资财价值为基础的股票指数），共同构成了一个完整的专利运营平台，三者互相佐证，因此具有较高的市场认可度。该平台更有利于专利的顺利流通，也进一步为其专利评价系统提供了更充实的数据支撑。

（四） IP Strength Index

IP Strength Index 由科睿唯安（原汤森路透）基于其世界专利索引（DW-PI）、科学引文索引（SCI）科技文献数据库而开发。该评价体系将评估指标分为定量指标、定性指标以及中性指标，共计 20 个，见表 4-12。定量指标主要包括专利著录项目中的一些数量指标，定性指标主要是对专利技术及保护范围的评估，中性指标则是针对专利的诉讼、运营等情况进行评价。对不同类型的指标可以分层计算，赋予不同权重，针对差异化的数据特点及评估目的进行定制分析。科睿唯安的专利评估系统既可用以评价专利，也可用以评价专利申请，但其更适专利组合的评价，社会推广性较低。

表 4-12　IP Strength Index 指标体系

指标类型	一级指标
定量指标	专利类型
	授权成功率
	技术宽度
	全球视野
	同族专利引用数量
	剩余保护期限
	权利要求数量
	自引数量
	他引数量
	审查员引用的参考文件
	学术机构合作
	独立权利要求长度
中性指标	专利诉讼
	专利异议
	专利采标
	专利收/并购
定性指标	专利技术与产品覆盖度
	权利要求宽度
	规避设计检测
	市场规模和相关度

（五）Patent Scorecard（专利记分牌）

1994 年，美国 CHI Research 公司提出专利记分牌[1]，该体系主要由 3 种基

---

[1]　凌赵华. 国内外主流"专利指数"探析［J］. 知识产权管理评论，2015（9）：11-14.

本指标和6种进阶指标组成。基本指标包括专利数量、特定技术领域专利数量成长的百分比和评价对象在各领域的专利分布率。进阶指标包括评价对象活跃指数、即时影响指数、技术强度、技术生命周期、科学关联性和科学强度，见表4-13。

表 4-13 专利记分牌指标体系

指标类型	一级指标
基本指标	专利数量
	特定技术领域专利数量成长的百分比
	评价对象在各领域的专利分布率
进阶指标	评价对象活跃指数
	即时影响指数
	技术强度
	技术生命周期
	科学关联性
	科学强度

专利记分牌将宏观层面的专利价值评估指标进行量化，使得评估简洁统一，能比较科学地反映多件专利的整体质量，并且更注重基础研究和科学实力，但是其更关注对公司或科研机构整体专利实力的宏观测量，对于单个专利价值的评估而言能力有限。

(六) SMART3

SMART3 (System to Measure, Analyze and Rate patent Technology) 专利分析评估系统是由韩国知识产权局下设的发明振兴会所开发的在线专利分析评估系统，其是韩国知识产权局知识产权交易服务平台体系的一个环节，通过技术交易在线平台 IP-Market 和知识产权运营网络 IP-Plug 使专利的评价能够融入市场，为专利的实际运营提供良好的支撑，在竞争企业专利分析、M&A专利尽职调查、R&D 专利质量评价、专利技术交易和专利纠纷的预防等多个领域均有应用，在促进知识产权的转化应用方面起到了积极的作用。

SMART3 专利分析评估系统的指标体系包括 3 个一级指标、8 个二级指标和47个三级指标，其中一级指标包括权利强度、技术质量和应用能力，8个二级指标包括保护范围、支持能力、稳定性、技术趋势一致性、先进性、生命周期、商业化能力和权利执行能力，见表4-14。8个二级指标进一步下设独立请求项长度、国内外同族专利数、总被引用次数、回收提交的意见书和被许可人数等47个指标，并且其评估模型按照电气电子、机械、物理-材料、化学和生物五大技术领域有所区别。

表4-14　SMART3专利分析评估系统指标体系

一级指标	二级指标
权利强度	保护范围
	支持能力
	稳定性
技术质量	技术趋势一致性
	先进性
	生命周期
应用能力	商业化能力
	权利执行能力

二、国内指标体系

国内专利价值指标体系主要包括专利价值度指标体系、合享价值度评估体系、大为DPI、智慧芽专利评估体系和IP7+专利评估体系。

（一）专利价值度指标体系

专利价值度指标体系由国家知识产权局与中国技术交易所于2010年共同开发，该体系提出了表征专利自身价值大小的度量单位——专利价值度（Patent Value Degree，PVD）❶。

专利价值度指标体系包括法律、技术和经济3个维度，表征值分别为法

---

❶ 国家知识产权局专利管理司，中国技术交易所. 专利价值分析指标体系操作手册［M］. 知识产权出版社，2012.

律价值（Legal Value Degree, LVD）、技术价值（Technical Value Degree, TVD）和经济价值（Economic Value Degree, EVD）；3 个维度进一步分解成 13 个二级指标（见表 4-15）和 43 个三级指标。这些指标包括定量指标和定性指标。从可操作性来讲，该指标体系主观因素较多，用于评估时往往效率低、人工成本高，对于大批量成果的评价而言难度较大。

表 4-15　专利价值度指标体系

一级指标	二级指标
法律价值	稳定性
	不可规避性
	依赖性
	专利侵权可判定性
	有效期
	多国申请
	专利许可状态
技术价值	先进性
	行业发展趋势
	适用范围
	配套技术依存度
	可替代性
	成熟度
经济价值	市场应用情况
	市场规模情况
	市场占有率
	竞争情况
	政策适应性

（二）合享价值度评估体系

合享价值度评估体系由北京合享智慧科技有限公司研发设计，基于公开的专利信息评估专利价值，指标体系包括技术稳定性、技术先进性和保护范围 3 个一级指标，以及专利类型、法律状态、被引证次数、同族个数、同族

国家数量、权利要求个数、发明人个数、涉及 IPC 大组个数、专利剩余有效
期等二级指标，见表4-16。

表4-16 合享价值度评估体系

一级指标	二级指标
技术稳定性	专利类型
	法律状态
	复审无效情况
	诉讼情况
	质押保全情况
技术先进性	被引证次数
	同族个数
	涉及 IPC 大组个数
	发明人个数
	转让许可情况
保护范围	权利要求个数
	专利剩余有效期
	同族国家数量

合享价值度模型的特点：一是模型构建过程中使用的参数全部为客观参
数，参数对专利价值度的影响权重通过专利大数据统计分析获得，评估过程
不受人为因素影响，得到的分析结果相对客观、真实；二是各参数权重相关
的分析样本数据范围及其中的高价值专利样本可根据需要灵活选取，因此，
可针对不同地域、不同专利类型、不同技术领域创建不同的分析模型，灵活
性高；三是系统嵌入 incoPat 全球技术运营平台中使用，评价分值可跟随专利
的当前法律状态、最新发生的法律事件及新的引证信息出现等变化情况实现
实时自动更新；四是分析过程不受分析样本数量的限制，可一键分析海量专
利，且数据量越大，系统体现出的使用价值越大。

（三）大为DPI

大为专利指数（Dawei Patent Index，DPI）是大为公司开发的专利价值评

估指标体系，可实现实时量化评估。该体系由技术价值、法律价值、市场价值、战略价值和经济价值 5 个维度，引证专利数、被引证专利数、引证本国专利数、IPC 分类数、发明人数、申请人数、Innojoy 布局国家数、存活期、专利转让、专利许可等二级指标构成，见表 4-17。

表 4-17　大为专利指数（DPI）主要评价指标

一级指标	二级指标
技术价值	引证专利数
	被引证专利数
	引证本国专利数
	引证国外专利数
	引用专利国别数
	被本国专利引证数
	被国外专利引证数
	引用非专利文献数
	IPC 分类数
	IPC 分类（部）数
	IPC 分类（大类）数
	发明人数
	申请人数
法律价值	Innojoy 布局国家数
	PCT 国际申请
	存活期
	独立权项数
	说明书页数
	经过复审
	经过无效
市场价值	Innojoy 同族数
	五局专利（中美日欧韩）
	四方专利（中美日欧）
	引证外国专利数

续表

一级指标	二级指标
战略价值	同族专利数
	许可频次
	经过无效后确权
经济价值	专利转让
	专利许可
	专利质押

该模型为客观统计分析，操作便捷，且其模型根据外界数据变化动态调整，但也存在指标相对单一，针对不同地域、行业和时间范围没有实现差异化的问题。

（四）智慧芽专利评估体系

Emposis 是智慧芽（PatSnap）全球专利数据库的内嵌专利价值评估系统，其在传统的市场法基础上融入专利指标法，同时，建立一套专利运营的参考数据库，该数据包括基于人工计算的并购运营信息、数以百计的专利估价项目以及专利拍卖等信息。该专利运营参考数据库涵盖了机械、IT、生命科学、医药器械、化工、电子、半导体等主要领域，以及欧、美、日、韩数以万计的历史运营数据。系统通过机器学习对上述参考数据进行学习，并结合改进的市场法算法，从而计算出世界范围内专利的价值区间。

该系统中，专利价值评估指标体系包括市场吸引力、市场覆盖率、申请人（或专利权人）、技术质量和法律信息 5 个维度，含义见表4-18。

表4-18　智慧芽专利评估指标体系

维度	含义
市场吸引力	反映发明技术发展趋势符合度、竞争性和市场吸引力
市场覆盖率	反映市场大小、经济规模、技术重要性和实施范围
申请人（或专利权人）	创新主体实力与专利价值呈正向关系
技术质量	包括技术的覆盖率、被侵权的可监测性、创造性高度和技术相关性等
法律信息	包括法律状态、专利年龄和权利要求等

该评估系统有三大特点：一是专利相关指标系统丰富全面，共 5 个维度 25 个指标；二是机器学习海量专利实际运营数据，动态调整；三是机器自动评估，客观、公正、高效。

（五）IP7+专利分级管理系统专利价值评估指标体系

IP7+专利分级管理系统❶是华智众创（北京）投资管理有限责任公司开发的专利信息化工具之一，系统以"专分级、精管理、促运营"为三大核心功能模块，其中，"专分级"模块，即专利价值评估模块，在深入探究专利价值培育历程、专利价值实现逻辑、专利价值释放机理的基础上，充分挖掘利用全生命周期专利大数据，构建了"三步法、五维度"的分级策略、40 余项指标的评价模型。

其中，专利五维度包括技术维度、法律维度、战略维度、市场维度和经济维度，具体指标体系还涉及 10 余个二级指标和 30 余个三级指标，见表 4-19。

表 4-19 IP7+专利分级管理系统专利价值评估指标体系

价值维度	二级指标	三级指标
技术维度	技术先进程度	专利类型、引用专利文献的国别、他引率、发明人数、引用专利文献数量、自引专利数量、技术独立性指数、旁系引证专利数量、分类号数量、普遍性、分类号分布跨度、扩散指数、前向引证文献组合中最大时间跨度、当前影响力、描述技术效果的字数
	技术成熟度	
	技术独立性	
	技术可替代性	
	技术应用广度	
	技术应用长度	
法律维度	权利保护范围	授权专利独立权利要求数量/从属权利要求数量、授权专利独立权利要求字数/本领域独立权利要求平均字数、本专利和/或同族专利经历无效后确权、本专利和/或同族专利经历复审且获权、说明书页数、实施例数量、是否聘请代理人
	权利稳定性	

---

❶ 相关信息参见 www.ip7s.cn。

续表

价值维度	二级指标	三级指标
战略维度	防御能力	目标专利的专利权人在本领域拥有的专利总量、目标专利的专利权人在本领域专利申请速率、目标专利首次被引与最近一次被引的时间跨度
	影响力	
市场维度	市场未来预期情况	PCT国际专利申请、布局国家数、美日欧布局情况、剩余有效期
经济维度	专利质押	专利质押次数
	专利转让	专利转让次数
	专利许可	专利许可次数

注：三级指标未列全。

该评估模型有四方面优势：一是系统充分挖掘利用全生命周期专利大数据，包括专利转让、许可、质押融资、中外文引证等数据，能够全面支撑专利评估指标体系；二是遵循专利的经济价值实质，构建"三步法"的评估思路，首先筛选出经济价值、市场价值等显性价值突出的高价值专利，随后再利用五维度评估模型综合评估其他专利的价值，评估结果与实际情况吻合度较高；三是系统中专利评分随专利基础信息的更新而实时自动更新；四是评估模型在市场法基础上充分利用已有的专利交易数据，并且评估模型随着交易数据的丰富不断更新。

三、国内外指标体系对比

（一）国外专利价值评估指标体系指标丰富、模型较成熟，但评价过程透明度低，在国内推广较难

根据对国外主流的专利价值评估指标体系的调研，可以发现，其大致分为两类，一类指标体系指标覆盖的数据来源更广，如IPScore，除了专利文本自身所带信息量，还有待评估专利相关的市场、财务、企业战略信息，Patent Rating除了关注专利自身指标，还关注美国专利总量变化趋势、平均存活期、不同领域侵权率等同时期美国宏观专利指标和公司技术范围、专利迭代等企业专利指标，SMART3关注专利的市场商业化能力和权利执行能力等；另一

类指标体系基于专利自身指标，拓展到相关专利，如 Patent Strength 关注专利家族规模，IP Strength Index 关注专利采标、专利收/并购、市场规模和相关度等指标。

其中，第一类指标体现出国外机构在进行专利价值评估时的市场化导向，与专利制度保护商业利益的初衷是一致的，但是其中的一些指标带有主观性，如 IPScore 体系中，对专利的市场环境和公司战略相关性的判断均具有一定主观性，此外还要求各渠道数据的互联互通；第二类指标涉及专利相关多维度的数据采集，如专利运营数据、权属变更数据、同族专利数据、科学关联性等非专利文献数据采集，对数据的要求比较高，这一方面要求专利数据管理的规范性，另一方面要求较高的专利数据采集分析能力。

（二）国内专利价值评估指标体系指标相对简单，但也存在主观因素较多或评价过程透明度低的问题

对比来看，国内的专利价值指标体系也主要分为两类，一类是含有主观性指标的，如专利价值度指标体系，其中每项指标虽设置有打分表，但是对指标具体属于哪个分值区间，专家判断时具有主观性；另一类指标，如合享价值度、大为 DPI、智慧芽专利评估体系、IP7+专利分级管理系统，专利评估模型均是客观指标模型，指标均是可从专利文本中采集输出的，通过自动化模型实现专利的评分和/或估值，具有较高的操作性，可批量化输出结果，同时也包含对大数据的充分利用，但也存在评估指标不透明、可信度有待验证等问题。

总体而言，目前市场上主流的价值评估体系各有利弊，专利价值评估指标体系还在不断发展中，也亟须行业内形成相对统一的评价标准，以规范专利价值评估，引导专利价值评估市场有序发展。

第三节　专利类科技成果价值评估工具

一、大为 DPI 专利价值检索与分析工具

大为 DPI 专利价值检索与分析工具是大为 Innojoy 专利搜索引擎中嵌入

式功能模块，可以进行多维度的专利价值检索与分析。其专利价值评估思路是利用 AHP 层次分析法，从专利的技术价值、法律价值、战略价值、市场价值、经济价值 5 个维度构建量化的三级指标体系，通过指标标度判断矩阵确定指标间的相对重要程度，建立量化评估模型，为评估专利质量、专利价值提供客观参考。评估结果以分值和星级的形式表示，并可以从星级分布、DPI 构成、申请人年度星级分布、发明人 DPI 等多个维度展开分析，分析结果可导出。

　　进入 DPI 专利价值检索页面，以申请人/专利权人为华北电力大学为例进行检索，如图 4-3 所示。

图 4-3　DPI 专利价值检索页面

输入后，共检索到 22602 条数据，DPI 星级如图 4-4 所示。

图 4-4　DPI 星级展示

以具体的专利为例，如 CN202210461496.7 "一种基于智能合约的电动汽车负荷分层分级调度优化方法"，可查看专利分值、星级、五维度指标评分，以及被引证数、被审查员引证数、引用专利国别数、独立权利要求项数、说明书页数等指标值，也可一键生成专利价值评估报告，如图 4-5 所示。

图 4-5　专利评估结果页面展示

二、合享价值度专利价值评估工具

合享价值度是 IncoPat 专利检索系统中内嵌的专利价值评估工具，该工具以主成分线性加权综合评价方法为理论基础，对高价值专利样本与全球数据库的专利样本的 200 余个参数进行比较分析，最终选用了包括专利类型、被引证次数、同族数量、同族国家数量、权利要求个数、发明人个数、涉及 IPC 大组个数、专利剩余有效期等在内的 26 个对专利价值影响较大的参数，以及每个参数对专利价值度影响的函数关系，通过综合均衡、迭代和优化，最终获得专利价值度的综合评价分值（合享价值度）。根据不同参数重点体现的价值维度不同，合享价值度还可进一步细分为技术稳定性、技术先进性和保护范围 3 个子维度。

评价分值可跟随专利的当前法律状态、最新发生的法律事件及新的引证信息出现等变化情况实现实时自动更新。

以具体专利为例，如 CN201720447274.4"一种扫地机器人的定位和导航测绘装置"，可查看专利三维度指标、合享价值度评分，并且可查看各子维度对应的指标以及指标取值情况，如图 4-6 所示。

图 4-6　合享价值度评分

三、IP7+专利分级管理系统

IP7+专利分级管理系统，以专分级为基础、精管理为手段、促运营为目的，以终为始，促进高价值专利创造、运营，实现专利价值的全面释放。

首先，通过专分级，将专利资产分为高价值专利、一般价值专利和低价值专利。具体地，充分挖掘并利用全生命周期专利大数据、运营数据、引证数据，从经济、法律、市场、战略以及技术等专利价值 5 个维度 40 余项指标，对专利资产进行分级分类，助力企业、高校、科研院所专利资产盘点。

其次，通过精管理，以大数据分级结果和自主优化管理相结合的方式，充分利用企业自主掌握的专利信息，达到创新主体个性化管理专利资产的目的。

最后，促运营，即针对专分级过程中筛选出的高价值专利进行促运营分析，具体地，利用中外文引证数据充分挖掘专利的技术发展脉络，梳理专利的供需方信息，通过筛选，定位目标专利技术需求方，在系统内进行推荐，帮助创新主体开展专利运营工作。

以具体的专利为例，如 CN201811010000.4 "一种分布式库存调度系统及改进方法"，可查询专利的法律、技术、战略、市场、经济维度的评分及其二级指标的评分，专利综合评分与估值，可一键导出专利价值评估报告，如图 4-7 所示。

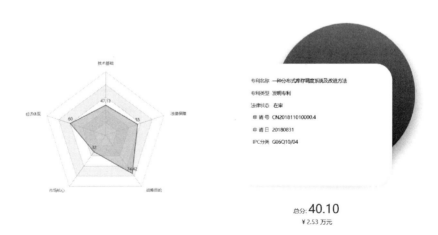

（a）分级概况

图 4-7　IP7+专利分级管理系统评估页面

该维度得分由专利类型、引用专利文献的国别、他引率、申请人数、发明人数、引用专利文献数量、自引专利数量、技术独立性指数 ⓘ 旁系引证专利数量 ⓘ 、分类号数量、普遍性 ⓘ 、分类号分布跨度、扩散指数 ⓘ 、前向引证文献组合中最大时间跨度、当前影响力 ⓘ 等指标综合评估得出。

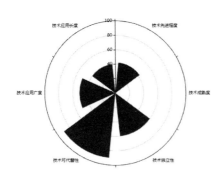

42.28分 技术先进程度	**0.00**分 技术成熟度
60.00分 技术独立性	**90.00**分 技术可替代性
50.50分 技术应用广度	**40.00**分 技术应用长度

得分: **47.13**
技术总分: 100分

（b）技术基础

该维度得分由目标专利保护层级数 ⓘ 、本专利和/或同族专利经历无效后确权、本专利和/或同族专利经历复审且获权、从属权利要求数量、说明书页数、说明书页数/本技术领域说明书平均页数（本技术领域是指ipc小组）ⓘ 、是否聘请代理人、存活期等指标得出。

30.00分 权利保护范围	**80.00**分 权利稳定性
0分 时间保护范围	

得分: **55**
法律总分: 100分

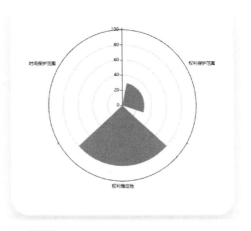

（c）法律保障

图4-7　IP7+专利分级管理系统评估页面（续）

该维度得分由目标专利的专利权人在本领域拥有的专利总量、目标专利的专利权人在本领域专利申请速率、独立权利要求数量、目标专利首次被引与最近一次被引的时间跨度等指标得出。

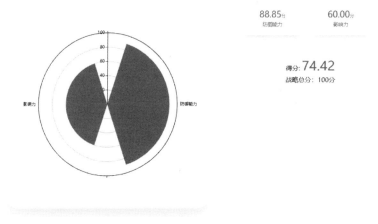

（d）战略目的

该维度得分由布局国家数、三方专利（欧美日）、剩余有效期、PCT国际专利申请等指标得出。

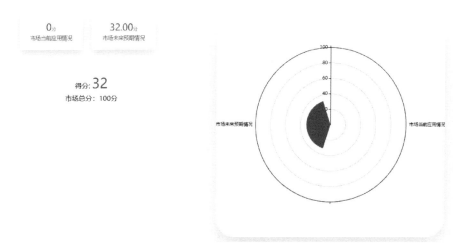

（e）市场核心

图4-7 IP7+专利分级管理系统评估页面（续）

该维度得分由专利许可次数、专利质押次数、专利转让次数等指标得出。（其他经济指标暂未在图中展示）。

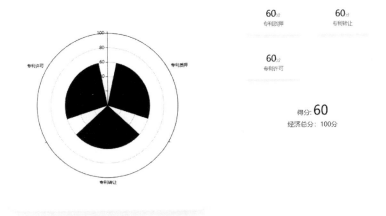

（f）经济体现

图 4-7　IP7+专利分级管理系统评估页面（续）

第五章

非专利类科技成果价值评估

第一节　非专利类科技成果概述

除专利类的科技成果外，其余的科技成果可统一归类为非专利类科技成果。这类成果一般包括以下类型：①不属于专利法保护范围内的技术发明成果，它不能申请专利，如动物和植物的品种等；②虽然属于专利法保护范围，但出于某种原因而未申请专利的技术发明；③虽然申请了专利，但未获授权的一些技术发明；④已被授予专利权，但由于某种原因在专利保护期限届满前终止的技术发明；⑤剖析、消化、吸收他人的先进技术成果而获得的一定范围内，如本国、本省、本部门内具有新颖性的实用技术。非专利类科技成果主要包括科技论文、计算机软件和集成电路布图设计等形式。

一、科技论文

科技论文一经发表就取得了著作权。科技论文的内容是对试验、观察或其他方式所得到的结果进行分析和总结，形成一定的科学见解，并对已提出的科学见解进行论证、分析上升为科学理论，因而具有学术性、创新性、科学性等特点。

科技论文刊载在科技期刊上，时效性较强，其目的是同行交流，其质量可由被引频次衡量，而不是由所发表期刊的影响因子决定。在影响因子不高的科技期刊上发表的论文，同样可以获得很高的关注度和被引频次。

（1）学术性

学术性是科技论文的主要特征，它以学术成果为表述对象，以学术见解为论文核心，在科学实验（或试验）的前提下阐述学术成果和学术见解，揭示事物发展、变化的客观规律，探索科技领域中的客观真理，推动科学技术的发展。学术性是否强是衡量科技论文价值的标准。

（2）创新性

科技论文必须是作者本人研究的，并在科学理论、方法或实践上获得的新的进展或突破，应体现与前人不同的新思维、新方法、新成果，以提高国内外学术同行的引文率。

（3）科学性

科技论文的内容必须客观、真实，定性和定量准确，不允许丝毫虚假，要经得起他人的重复和实践检验；论文的表达形式也要具有科学性，论述应清楚明白，不能模棱两可，语言应准确、规范。

二、计算机软件

计算机软件是指计算机程序及其有关文档。计算机程序是指为了得到某种结果而可以由计算机等具有信息处理能力的装置执行的代码化指令序列，或者可被自动转换成代码的符号化指令序列。计算机程序包括源程序和目标程序。计算机相关文档是指用自然语言或者形式语言所编写的文字资料和图表，用来描述程序的内容、组成、设计、功能规格、开发情况、测试结果及使用方法，如程序设计说明书、流程图、用户手册等。

与其他作品相比，计算机软件的特点是：

（1）计算机软件与一般作品的目的不同

计算机软件多用于某种特定目的，如控制一定生产过程，使计算机完成某些工作；而文学作品则是为了阅读欣赏，满足人们精神文化生活需要。

（2）要求法律保护的侧重点不同

著作权法一般只保护作品的形式，不保护作品的内容；对计算机软件而言，则要求保护其内容。

（3）计算机软件语言与作品语言不同

计算机软件语言是一种符号化、形式化的语言，其表现力十分有限；文字作品使用的语言则是人类的自然语言，其表现力十分丰富。

（4）保护的法律不同

计算机软件可援引多种法律保护，文字作品保护则只能援引著作权法。

三、集成电路布图设计

集成电路指半导体集成电路，即以半导体材料为基片，将至少有一个是有源元件的两个以上元件和部分或者全部互连线路集成在基片之中或者基片之上，以执行某种电子功能的中间产品或者最终产品。它是微电子技术的核心，电子信息技术的基础，广泛应用于计算机、通信设备、家用电器等电子产品，具有集成性、整体性及工艺严格性。

集成电路布图设计的特点是：

（1）无形性

集成电路布图设计是集成电路中所有元器件之间的一种配置方式，没有具体形状，以信息状态形式存在，不占据任何空间。但布图设计可以固定在磁盘或者掩模上，或集成电路产品中。也就是说，尽管集成电路布图设计是无形的，但却具有客观的表现形式，这一点和其他无形财产是一样的。要想得到法律的保护，布图设计必须具有一定的表现形式，即必须固定在某种物质载体上面，能够为人们所感知，并能够被复制。

（2）创造性和实用性

只有具有创造性，集成电路布图设计才能得到法律保护。一般而言，布图设计保护法中要求布图设计必须具有创造性和实用性，我国《集成电路布图设计保护条例》中明确要求"受保护的布图设计应当具有独创性"。布图设计的创造性要求设计人的布图设计有独特的创造之处，有和以往设计不同的特点。另外，与以往的设计相比，布图设计不仅要具有一定的进步性和新颖性，而且必须具有实用性。这是因为布图设计要应用于工业实践，只有展现出它所具有的不同于以往设计的新颖性和创新性，才能取得市场竞争的胜利；只有可以被大量地应用于工业生产中，对社会生活产生积极的作用，才能被广泛采纳并获取利益。

（3）独立客体

布图设计是独立的知识产权客体。在已经颁布集成电路保护法的国家中，大都不是通过专利法或著作权法来对它进行保护，而是根据其特点制定单行法规，将其作为独立的客体予以保护。例如，美国于1984年首先颁布了半导体芯片保护法，确认了布图设计专有权；我国则于2001年开始颁布实施《集成电路布图设计保护条例》，专门保护集成电路布图设计。

四、其他形式科技成果

除了科技论文、计算机软件和集成电路布图设计，非专利类科技成果还有专著、新产品、新技术、带有设计参数的图纸等。

第二节　科技论文价值评估

一、评估特点

科技论文价值评估主要包括与论文相关的主要元素评价。

1. 文献综述水平

在对相关文献的广泛查阅和分析的基础上，本人通过进行独立的思考加工，能够对目前研究发展现状进行全面、准确的归纳和分类总结，指出目前研究现状的不足，以及前沿的研究热点和方向。

2. 学术水平与创新程度

科技论文的学术水平体现在其立意新颖，思路清晰，方法科学创新，实验结果真实合理，研究结果具有实际意义和应用价值等方面。创新程度则是指在全面认识、掌握已有相关理论的基础上，能够提出具有价值的创新的方法、见解、体系，使科技论文具有独创性、新颖性和实用性。

3. 论证/论述水平

科技论文应通过科学的实验设计和真实可靠的方法、数据得到合理真实的实验结果，从合理的论证角度出发，围绕核心问题开展完整的、严密的且正确的论述。论述应具有较强的逻辑性、科学性和严谨性。

4. 撰写质量与语言表达

撰写质量较高的科技论文其结构完整、严谨，排版格式规范。在语言表达方面，科技论文除了表达清晰、语言流畅的一般论文要求，在语言风格方面一般讲求朴素自然，平铺直叙，言简意赅，在用词方面要求用词精准，严格使用规范、统一的专业名词术语，选用含义确定的词语，不用冷僻和生造的词语。

二、指标体系

（一）现行科技论文价值评估指标体系

国内外常用的同行评议、影响因子、被引频次评价体系都是基于该论文发表的期刊及引用量进行的，存在不足和局限性：缺乏对论文本身的评价，受到学科差异性等因素的影响。因此，亟须一套全面系统的论文价值评估指标体系，以克服现有评价体系的局限性，应对开放存取等多种论文的需要。

林德明等[1]采用了科学计量学方法、社会网络分析方法，融合可视化技术。首先对科技论文质量的相关因素进行分析，包括来源期刊、被引频次等外部因素和合作规模、参考文献等内部因素，并以此为基础提出外部和内部评价指标；然后引入社会网络分析指标进行可视化分析；最后综合以上指标构建论文价值评估体系。

1. 外部要素分析

被引频次是同行对科技论文的后期评估。显然，论文的被引频次与其受

---

[1]　林德明，姜磊. 科技论文评价体系研究 [J]. 科学学与科学技术管理，2012，33（10）：11-17.

关注程度成正比，但是有时论文的被引频次高是因为其所在研究领域的受关注程度高。就某篇论文来说，施引文献（即引用该论文的论文）的质量也与其学术水平成正比，高质量施引文献一般意味着在该论文的基础上能够产生更优秀的成果。所以，可以考虑通过施引文献的质量评价其学术贡献与影响力。考虑到学科之间的差异性，补充论文的影响因子贡献率指标；在考察被引频次时，进一步补充施引文献的质量指标。

论文对学科的影响因子贡献率为：

$$影响因子贡献率 = \frac{发表后第二年的被引频次}{发表后第二年影响因子} \times \frac{发表后第二年影响因子}{发表后第二年学科影响因子}$$

$$= \frac{发表后第二年的被引频次}{发表后第二年学科影响因子} \tag{5-1}$$

将该论文对学科的被引频次贡献率代替其被引频次，为：

$$被引频次贡献率 = \frac{被引频次}{学科篇均被引频次} \tag{5-2}$$

2. 内部要素分析

合作规模是论文研究强度和研究力量的体现。它主要体现在是否为跨地区的国际合作、是否为跨领域的合作及合作的作者数，其计算公式为：

$$合作规模 = \frac{合作学科数 \times 地区数 \times 作者数}{学科平均作者数} \tag{5-3}$$

基金资助情况从一个侧面反映了论文的创新性与科学意义。可将基金项目分为若干等级，然后将其作为一项科技论文的评价指标。

参考文献的数量和质量主要反映论文吸收外部信息的能力。因此，设置了参考文献数量指标、参考文献期刊指标和参考文献引用指标。

3. 网络指标分析

构建某一篇论文所在学科的共被引网络 Nsubject。考察该论文在 Nsubject 中的位置，能够评价其在学科中的地位与影响力。选取该论文在网络中的度、聚类系数和中心性作为评价指标。

根据外部指标、内部指标和网络指标，建立综合集成的评价指标体系，其层次结构见表5-1。

表5-1　科技论文评价指标的层次结构评价体系

指标	变量
外部指标	X_1：他引率
	X_2：施引文献的平均被引频次
	X_3：影响因子贡献率
	X_4：被引频次贡献率
	X_5：下载次数等
内部指标	Y_1：合作规模
	Y_2：参考文献数量指标
	Y_3：参考文献期刊指标
	Y_4：参考文献引用指标
	Y_5：基金资助情况
网络指标	Z_1：Nsubject 中论文的度
	Z_2：Nsubject 中论文的聚类系数
	Z_3：Nsubject 中论文的介数[①]
	Z_4：Ncitation 的平均度
	Z_5：Ncitation 的平均聚类系数
	Z_6：Ncitation 的平均最短路径

注：①中介中心性。

指标体系的构建采用赋权法：

$$F = \alpha F_a + \beta F_b + \gamma F_c = \alpha \sum a_i X_i + \beta \sum b_i Y_i + \gamma \sum c_i Z_i \quad (5-4)$$

式中：α、β、γ 分别为第一层次三个指标的权重；a_i、b_i、c_i 为第二层次中各指标的权重。指标体系的权重由论文的特点以及所在学科的特点等决定，并采用专家咨询结合层次分析的方法来确定。

针对不同的评价对象和评价目的，可以通过调整权重满足实际需要。例如，对于开放存取文献，可将 α 调低并调高 β，并将影响因子等指标的权重设为 0；对于不同学科之间论文的比较，可以适当调高 X_3、X_4 的权重等。

(二) 科技论文价值评估指标体系的探索

1. 定量评价

在国内外关于科技论文价值评估的理论与实践研究基础上，从数据可获得性、评估操作的便捷性方面考虑，构建了表 5-2 所示的科技论文价值评估指标体系，主要包括论文产出背景、期刊影响力、论文影响力 3 个一级指标，基金、重大项目、影响因子、5 年影响因子、载文量、即年指标、被引频次、他引总引比、被引半衰期、Web 即年下载量、总下载量 11 个二级指标。

表 5-2 科技论文价值评估指标体系

一级指标	二级指标	得分
论文产出背景	基金	论文是否为国家自然科学基金、国家社会科学基金等产出成果
	重大项目	论文是否为国家重大专项、"863 计划"等项目产出成果
期刊影响力	影响因子	期刊的影响因子
	5 年影响因子	前五年发表的论文在评价当年被引用的次数除以前五年发表的论文总数
	载文量	某一期刊在一定时期内所刊载的相关学科的论文数量。载文量是反映一份期刊信息含量的重要指标，期刊载文量多，在一定程度上表示这种期刊信息丰富，因而也较为重要
	即年指标	表征期刊即时反应速率的指标，主要表述期刊发表的论文在当年被引用的情况。具体算法为：即年指标=该期刊当年发表论文在当年被引用的总次数/该期刊当年发表论文总数
论文影响力	被引频次	指自论文公开发表或公开以来被其他论文引用的次数
	他引总引比	被其他期刊的论文引用次数除以该论文总被引频次
	被引半衰期	从以前某时刻到时间跨度 N 内的引用数占该论文发表至今的总引用数的一半。N 就是半衰期
	Web 即年下载量	论文发表当年的下载量
	总下载量	截至评价时间点的总下载量
客观指标评分		

2. 定性评价

科技论文自身具有专业、严谨的属性，单靠定量的指标体系往往不能全面反映科技论文的价值。因此，在重大项目评估中，涉及科技论文价值评估时，定性评估是必要的。表5-3列出了可参考的定性的科技论文价值评估指标体系，专家可从科技论文的创新性、科学性两个方面展开评估，其中创新性主要考虑该科技论文所记载的技术方案是开创型、拓展型还是应用型的，科学性主要从理论根据的科学性、图表数据的可靠性、论证过程的逻辑性等方面考量。

表5-3　科技论文价值评估指标体系

一级指标	二级指标	说明
创新性	开创型	判断科技论文所反映科技成果的创新性属于开创型、拓展型或应用型中的哪一种
	拓展型	
	应用型	
科学性	理论根据的科学性	内容的科学性
	图表数据的可靠性	
	论证过程的逻辑性	

三、评估方法

科技论文价值评估和考核，直接关系到科技论文的产出和发表及应用，在合理的评价指标引导下，可以更好地促进科技和经济的发展；相反，如果评价指标不合理，则会误导科研经费和科技人员的精力投向。所以，找出适合不同场合的论文评价方法具有重要意义。总的看来，科技论文价值评估方法经历了同行评议、科技期刊发表认可及论文引证分析评价的不同发展阶段。

（一）同行评议

同行评议是运用比较早的和对重要论文而言比较通用的学术论文价值评估方法。对于专业性很强的科技论文来说，只有专家才能看懂和做出评价，外行或者入门不久的同行新人是很难评价的。若从各种科技文章的共性出发，将其分解为许多单项，如分为论点、论据、创新、难度、文词和价值六项，对每项分别给出标准和分值，由此综合出文章的分值，可比性就较好。分项时，单元分得越细，可比性越强，但同时评定的工作量和复杂程度也就越大。同行评价花费时间长、受干扰性强，受到专家的选择、个人喜好、社会关系、学科背景等诸多主观因素的影响，有一定的随机性和主观性；而且当需要同时对大量不同学科领域的论文进行评价时，又难以找到相应数量合适的专家。

(二) 科技期刊发表认可

这是目前广泛采用的方法。在科技期刊特别是学术期刊上发表科技论文，都经过初审、复审和终审的过程，也有同行专家评议。科技期刊种类繁多，有学术性的，也有技术研究性的，有专业的，也有综合的，现在还有各种数据库体系期刊，如 SCI 期刊、中文核心期刊、中国科技核心期刊等。各种数据库体系将前一年某期刊上两年论文的被引用的比值计算出来作为该期刊当年的影响因子，很多人也就以该影响因子来评价该期刊论文的学术水平高低。每一种体系期刊或者每一种期刊本身都有一定的选刊或选稿标准，也代表着一定的水平。但是整体的差异也是很大的，期刊或论文学术水平总是有高有低的。某种数据库期刊的影响因子也只说明该期刊一两年前论文被引的情况，数据库中不仅期刊影响因子每年在变动，连期刊本身也在动态调整中，有进有出。同一数据库不同期刊还可用不同影响因子区别，同一期刊不同论文却没有办法区别。

(三) 论文引证分析评价

论文引证分析评价是随着数据库建设发展后比较新的从论文被引用情况分析论文学术水平的一种评价方法。除单篇和总论文被引频次（某年或历年）外，还有引证强度、引证系数，以及评价个人或机构累计论文引用成就的 H 指数。科研规模大、关注学者多、产出论文多的学科的论文引证也高，相反科研规模小、关注学者少的学科的论文引证必然就少。

同行评议、科技期刊发表认可和论文引证分析评价三种方法均有各自的优缺点，三者是不能相互取代的，在实际应用中，需要根据评估的目的合理选择和设定权重比例。

四、评估案例

张燕❶运用层次分析方法对科技论文价值进行了评估。首先，考虑到过去众多学者对学术论文的价值评价更多的是依据期刊来源、期刊的影响因子、论文被引数量等学术价值指标，忽略了论文的应用价值。对此，引入了成果可读性、成果获取难易度、成果先进性等科技论文成果应用性评估指标，反映科技论文的学术和应用价值水平。在此基础上，确定了科技论文价值评估的评价指标和层次结构分析模型，见表5-4。

表5-4　科技论文价值评估层次结构

目标层	准则层	指标层
科技论文价值评估 A	成果学术价值 B_1	期刊类别 C_{11}
		期刊影响因子 C_{12}
		被引数量 C_{13}
	成果应用价值 B_2	成果可读性 C_{21}
		成果创新性 C_{22}
		成果先进性 C_{23}
		成果获取难易度 C_{24}

根据同行评价及其统计数据，构造出判断矩阵，得到层次总排序结果，见表5-5。

表5-5　科技论文价值评估排序权重值

指标	权重 W_{C_i}	子指标	权重 $W_{C_{ij}}$	W_{ij}
成果学术价值 B_1	0.5	期刊类别 C_{11}	0.731	0.365
		期刊影响因子 C_{12}	0.188	0.094
		被引数量 C_{13}	0.081	0.041

❶ 张燕，崔巍，王秀丽，等. 学术论文定量评估问题研究 [J]. 内蒙古工业大学学报（自然科学版），2015，34（3）：224-229.

续表

指标	权重 W_{C_i}	子指标	权重 $W_{C_{ij}}$	W_{ij}
成果应用价值 B_2	0.5	成果可读性 C_{21}	0.088	0.044
		成果创新性 C_{22}	0.272	0.136
		成果先进性 C_{23}	0.483	0.241
		成果获取难易度 C_{24}	0.157	0.079

科技论文价值评估中的各个评价指标以及相应的权重，其重要性排序为：期刊类别，成果先进性，成果创新性，期刊影响因子，成果获取难易度，成果可读性，被引数量。

第三节 计算机软件价值评估

一、评估特点

计算机软件分为系统软件和应用软件两大类。系统软件指的是为管理、控制和维护计算机及外部设备，以及提供计算机与用户交互界面等的软件，如操作系统、各种语言处理程序、数据库管理系统等。应用软件是计算机所有应用程序的总称，主要用于解决一些实际的应用问题。应用软件可分为两类：一类是各行业都能用的应用软件，即通用软件；另一类是可按业务、行业区分的专门应用软件。

计算机软件价值评估，一般发生在转让、出售及作价入股之时。其评估的原则是：

1. 独立性原则

评估工作应排除各方面和各种形式的干预独立地开展。评估机构及其工作人员应恪守评估的行业纪律和职业道德，不与被评估企业（个人）发生评估正常收费以外的任何经济利害关系，依据国家制定的法规和可靠的数据资料，做出完全独立的评定。

2. 客观性原则

评估者应具有公正、客观的态度和方法，评估结果以充分的事实为依据。评估过程中的预测、推算和逻辑运算等建立在市场和现实基础上。

3. 科学性原则

在评估过程中，必须根据特定的目的，选用适用的标准和科学的方法，制定科学的评估方案。

4. 替代性原则

在评估作价时，如果同一资产或同种资产在评估基准日有多种可能实现的实际存在的价格或价格标准，则应选择最低的那种，因为在同时存在几种效能相同的资产时，价格最低的资产需求量最大。

5. 预期性原则

在评估过程中，资产的价值可以不按过去的生产成本或销售价格决定，而是以对未来收益的期望值决定。

计算机软件成本具有明显的不完整性和弱对应性，给企业带来的经济效益也可能受各种因素的影响而具有明显的不确定性，给软件价值评估带来许多困难。在进行评估时，必须考虑如下因素：

1）系统大小。主要指可执行程序或机器语言指令的字节数、高级语言语句的行数、新编写指令的百分比、系统数据存储量和文体数目等。

2）系统复杂性。主要是指系统和界面的复杂程度、系统的独特性、硬件与软件的接口和程序结构等。

3）程序类型。主要是指应用程序的形式（商用或非商用），程序所处理的技术问题类型等。

4）软件对支持条件和运行环境的要求。主要是指计算机系统的速度及内存、外存容量，支持开发的软件工具和软件环境等。

5）软件的有效收益或经济寿命期。

6）软件的维护成本和升级能力。

7）市场竞争状况。

二、指标体系

(一)现行计算机软件价值评估指标体系

近年来,武器装备的信息化和数字化程度越来越高,软件在军队科技成果中的比重越来越高。温晓玲❶提出了一种机载软件质量评价方法,采用工程上易获取的度量元指标,建立软件质量评价模型,通过加权平均方法计算评价模型各层指标度量结果,最终获得软件综合质量评价结果,实现定量评价机载软件质量的目的,支撑项目总体单位开展机载软件质量评价。

机载软件不同于一般的商用软件,其软件失效将导致严重的后果。通常机载软件具有高复杂性、高可靠性、强实时、复杂数据计算、复杂接口的特点,针对机载软件的特点,分析能够反映这些特点的指标,从而为提取出软件质量评价度量元提供支撑。同时参考 GJB 5236 标准提出的相关度量元指标,形成机载软件质量度量元指标。最终,确定了机载软件的一级指标、二级指标、度量元指标以及相互之间的关系,构建机载软件质量评价模型,见表 5-6。

表 5-6 机载软件指标评价模型

项目	一级指标	二级指标	度量元指标
软件产品质量	功能性	适合性	功能需求落实率
		准确性	计算的准确性、精度
		互操作性	数据的可交换性、接口的一致性
	可靠性	成熟性	(千行)代码缺陷密度、代码缺陷解决率、语句覆盖率、分支覆盖率、MC/DC 覆盖率
		容错性	避免失效、抵御误操作
	效率	易恢复性	易复原性、复原的有效性
		时间特性	时间性能符合性
		资源特性	资源利用率(静态)、资源利用率(动态)
	维护性	易分析性	注释行测量
		易测试性	配置项测试用例密度

---

❶ 温晓玲,袁维波. 机载软件质量评价方法研究 [J]. 航空标准化与质量,2022 (4): 37-42.

机载软件质量评价采用 7 个步骤对被测软件质量进行评价，具体内容如下：

1）度量元指标计算。度量元指标根据度量元指标计算方法获得。

2）二级指标计算。每一个二级指标的优劣由其所包含的度量元指标支撑，且每一个度量元指标反映该二级指标的不同方面，其结果对该二级指标的评估具有不同权重，采用各度量元指标加权平均的方法。

3）一级指标计算。每一个一级指标的优劣由其所包含的二级指标支撑。计算一级指标时采用各二级指标加权平均的方法。

4）计算软件综合质量。软件综合质量评价结果主要考虑软件一级指标，且每个一级指标的测量结果对该软件综合质量的评价具有不同的权重。计算软件综合质量采用软件一级指标加权平均的方法。

5）一级指标评价结果和二级指标结果分析。

6）软件综合质量评价。软件综合质量评价结果是对软件产品的综合评价，评价结果越高，软件综合质量越好。

（二）计算机软件价值评估指标体系的探索

在文献调研和实践经验基础上，形成表 5-7 所列的计算机软件价值评估指标体系。指标体系包括法律价值、技术价值、经济价值、管理因素 4 个一级指标，其中法律价值主要考虑权属稳定性、侵权风险和销售模式的法律合规性，技术价值主要从先进性、独创性、独立性、成熟度、稳定性（技术风险）、可替代性、技术发展趋势考虑，经济价值主要考虑成本性、派生性、贬值性、自实施收益、资产运营收益和未来预测收益等，管理因素主要考虑企业规模、企业信誉、质量管理体系、销售服务能力和经营风险等因素。

表 5-7　计算机软件价值评估指标体系

一级指标	二级指标	三级指标
法律价值	权属稳定性	权属稳定性
	侵权风险	侵权风险
	销售模式的法律合规性	销售模式的法律合规性

续表

一级指标	二级指标	三级指标
技术价值	先进性	先进性 1
		先进性 2
	独创性	独创性
	独立性	独立性
	成熟度	技术发展阶段
	稳定性（技术风险）	稳定性（技术风险）
	可替代性	可替代性
	技术发展趋势	技术发展趋势 1
		技术发展趋势 2
		宏观政策影响
经济价值	成本性	开发成本
		维护成本
	派生性	传播价值 1
		传播价值 2
	贬值性	重复代码含量
		已使用情况
	自实施收益	知识产权技术自实施产生的效益
	资产运营收益	转让、许可、质押融资等收益，与同类资产或者预期相比得分
	未来预测收益	根据目前的生产能力、销售情况预测未来收益，预计对成果价值实现的程度
管理因素	企业规模	企业规模
	企业信誉	企业信誉
	质量管理体系	软件管理体系
		知识产权管理体系
	销售服务能力	销售服务能力
	经营风险	企业经营存在风险可能造成资产价值损失

三、评估方法

计算机软件属于无形资产中的著作权，根据《资产评估准则——无形资产》的规定，对无形资产进行评估可以采用收益法、成本法以及市场法。对计算机软件进行价值评估时，对于专用软件以及虽属于通用软件但尚未投入生产、销售的，一般采用重置成本法；而对于已经生产并投放市场的财务软件、人事工资管理软件等通用软件，数据库软件，则采用收益现值法；对于有同类软件的市场价格可做评估参考的计算机软件，可采用现行市价法。特别地，作为一种较为成熟的模型，COCOMO 模型在目前软件价值评估研究中被广泛使用。

构造性成本模型（COCOMO 模型）是可用于估算软件的成本和进行软件开发过程管理的方法，是如今影响较大和极具代表性的模型❶。

美国 Barry Boehm 教授在其 1981 年出版的《软件工程经济学》中，提出了最初的 COCOMO 模型。该模型是通过分析美国 63 个不同领域的软件开发项目的历史数据推出的一个分层次的结构化估算模型。随着软件开发技术和项目管理领域的发展，出现了很多的新型软件工程方法和技术，对软件成本估算以及过程管理方面也提出了新的需求。Barry Boehm 结合未来软件行业的发展趋势，进一步对原模型进行研究和调整，并在 1994 年发表了 COCOMO Ⅱ 模型，在 2000 年推出了 COCOMO Ⅱ 模型 2000 年版。COCOMO Ⅱ 模型相较于原始 COCOMO 模型发生了很大的变化。

1）COCOMO Ⅱ 引入了 3 个螺旋式的生命周期模型，分别为应用组合模型、早期设计模型和后体系结构模型。其中，后体系结构模型最为详细，适用于完成体系结构设计之后的软件开发阶段。

2）引入 5 个规模度量因子来计算软件项目的规模经济性指数 E，取代原 COCOMO 模型中分别为基本、中期和详细模型确定固定指数的方法。

3）根据软件行业的发展现状取消了 5 个成本驱动因子并新增了 6 个成本驱动因子。

---

❶ 李静. 基于 COCOMO Ⅱ 模型的 HX 软件价值评估的案例研究［D］. 辽宁大学，2017.

四、评估流程

(一) 评估主要内容

1）计算机软件程序的源程序和目标程序。

2）相关文档，即用来描述程序的内容、组成、设计、功能规格、开发情况、测试结果及使用方法的文字资料和图表等，包括程序设计说明书、流程图、用户手册。

(二) 评估方式及流程

软件著作权评估流程包括：评估申请→整理提交材料→初审→知识产权评估机构进行评估→专家论证→知识产权评估机构出具评估报告→申请企业凭知识产权评估报告办理银行贷款、企业增资等，如图 5-1 所示。

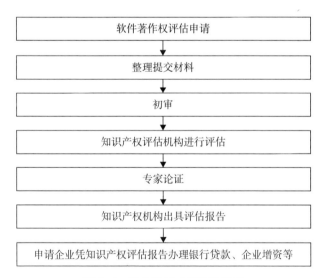

图 5-1　软件科技成果评估流程

计算机软件类科技成果评估常用的评估方式是"收益法"，具体分为 4 个步骤：

1）确定版权的经济寿命期，即委估软件可以销售的时间。

2）分析软件销售的方式，确定软件在全部利润或现金流当中的比例，即软件对利润的贡献率，并确定委估版权利润或现金流的贡献。

3）采用适当折现率将版权产生的利润或现金流折成现值。折现率应考虑相应的形成该现金流的风险因素和资金时间价值等因素。

4）将经济寿命期内现金流现值相加，确定委估无形资产的公平市场价值。

五、评估案例

（一）案例概述❶

1. 评估对象情况

本次评估所包含的无形资产为某企业（以下简称被评估企业）的软件著作权。软件著作权均为自有员工开发成果，共82项，所有权均归属被评估企业。

2. 权属核实及价值类型定义

（1）权属性质

根据评估人员的了解，本次评估的计算机软件仅包括著作权，没有专利权/技术和商标权。本次评估的计算机著作权转让包括修改权、复制权、发行权、出租权、信息网络传播权、翻译权、许可权、转让权。在评估的计算机软件著作权转让后，出让人将不再具有上述权利。

（2）评估内容

评估的计算机软件内容包括：

1）计算机软件程序的源程序和目标程序。

2）相关文档。即指用来描述程序的内容、组成、设计、功能规格、开发情况、测试结果及使用方法的文字资料和图表等，包括程序设计说明书、流程图、用户手册。

3）本次评估的计算机著作权转让应该是指出让人将本次评估的计算机软

---

❶ 案例来源参见"无形资产计算机软件著作权评估案例报告"，https：//www．docin．com/p－1852178458．html。

件程序的源程序代码和相关文档一并交与受让方。

（3）价值类型定义

本次软件著作权评估的价值类型定义是软件著作权的投资价值，即该软件系统对于具有明确投资目标的特定投资者所具有的价值估计数额，亦称特定投资者价值。

（二）评估实施过程

1. 评估方法

无形资产的评估方法有三种，即成本法、市场法和收益法。一般认为，对软件类无形资产用成本法很难反映其价值，因为该类资产的价值通常主要表现在科技人才的创造性智力劳动上，劳动成果很难以劳动力成本来衡量。市场法在资产评估中，不管是对有形资产还是无形资产的评估都是可以采用的，前提条件是要有相同或相似的交易案例，且交易行为应该是公平交易。结合本次待评估无形资产的自身特点及市场交易情况，据我们的市场调查及有关介绍，目前国内没有类似的转让案例，从而无法找到可对比的历史交易案例及交易价格数据，故市场法也不适用。

由于以上评估方法的局限性，结合本次评估的无形资产特点，我们确定采用收益途径的方法，通过分析评估对象将来的预期业务收益情况来确定其价值。运用收益途径的方法是用无形资产创造的现金流的折现价值来确定委估无形资产的公平市场价值。具体分为如下四个步骤：

1）确定软件的经济寿命期，预测在经济寿命期内软件产品的销售收入。

2）预测在经济寿命期内软件产品的销售成本。

3）计算软件对销售收入的贡献。采用适当折现率将软件对销售收入的贡献折成现值。折现率应考虑相应的形成该现金流的风险因素和资金时间价值等因素。

4）将经济寿命期内软件对销售收入的贡献的现值相加，确定软件的公平市场价值。

2. 软件著作权经济寿命确定

一般认为，计算机软件著作权是有经济寿命周期的，根据国家《计算机软件保护条例》的规定，计算机软件著作权的保护期超过 50 年。但对于一项计算机软件其使用寿命一般不会有 50 年，因此其经济寿命一般会短于著作权法定保护期。按目前的规律，计算机技术发展十分迅速，一般技术的更新换代时间最长为 3~5 年，因此对于一般的软件，其经济寿命也会相应地与计算机技术同步。委估的计算机软件属于金融领域内的用户软件，判断该软件的经济寿命至少可以达到 5 年。另外，由于本次评估的软件包括源程序和相关文档，受让方可以进一步升级、完善，甚至再开发，如果考虑进行两次再开发，每次开发可以延长 1~2 年寿命，我们认为该软件的经济寿命应该可以达到 7 年。由于本次评估的软件大多是 2007 开发的，即从评估基准日计算，本次评估的软件在此后 7 年内不会完全被更为先进的软件所取代。

3. 委估软件产品的应用方式介绍和著作权收益方式确定

本次评估的计算机软件目前的销售方式是直接销售或间接销售。所谓直接销售型是指软件直接销售给客户使用；所谓间接销售型是指将软件集成于硬件产品中与硬件产品一并销售。通过上述分析，无论是直接销售型还是间接销售型，软件的收益方式可以认定为销售收益型模式。

4. 软件产品销售收入预测

企业的软件产品销售收入来源于企业各类自由软件的销售收入：根据对企业的经营现状和历史，以及目标市场的分析，自由软件在历史年度保持了较高的增长态势，2008 年受到奥运会和经济危机的影响，销售收入出现下降。考虑到奥运会后经营恢复正常，而在经济危机背景下，企业金融风险控制类软件需求的上升，以及各金融机构为应对金融危机，更新软件系统以提高办公效率等需要，预计 2009 年，被评估企业自由软件销售业务将较 2008 年有所增长，并在以后的 2010 年度保持一定增速。由于新软件著作权的出现会使现有软件著作权逐步被取代，因此被评估的著作权软件产品的销售收入会逐步下降。

5. 软件产品销售成本预测

(1) 人工成本预测

有关人工费预测可参考收益法评估相关部分说明。被评估软件著作权应该分摊整个公司人工费，分摊比例按自由软件销售收入占全部收入的比例确定。

（2）管理费用和销售费用分摊

关于管理费用和销售费用分摊，根据自由软件销售收入与其他业务收入比例，计算出分摊系数。用预测期各年管理费用和销售费用乘以分摊系数，计算出自由软件业务对应的管理费用和销售费用。

（3）增值税返还

根据著作权软件销售收入情况估算增值税，并且按 14% 的比例作为返还额。

（4）机会成本

机会成本，根据 WACC 模型，取对比公司平均投资回报率。根据测算，对比公司税前平均回报率为 17.6%。

（5）确定软件对收入的贡献

对于本次评估的软件，其产品年销售收入的贡献为：

软件对收入的贡献 = 软件产品年收入 −（人工成本 + 管理费用 + 销售费用）×（1 + 机会成本）+ 相关增值税返还。

6．折现率的估算

采用对比公司的无形资产投资回报率作为技术评估的折现率。分为以下两个步骤：

1）加权资金成本的确定。

2）无形资产投资回报率的确定。

7．对比公司缺少流通折扣率估算

对比公司缺少流通折扣率估算分为以下两个步骤：

1）不可流通性对股权价值的影响。

2）不可流通折扣率的估算。

（三）评估结果及应用

经过上述评估程序和参数估算，委估软件在经济寿命期内创造的现金流现值为 2800 万元，即委估软件组著作权于评估基准日的公平市场价值为 2800

万元。该案例价值评估很大程度上依赖财务报告和交易数据的真实性，并考虑了著作权软件相关增值税返还问题，由于对于任意企业购置上述软件均可能被认定为软件企业，因此应该可以享受软件的相关税收优惠。

第四节　集成电路布图设计价值评估

一、评估特点

集成电路布图设计的价值评估是其开发或转让过程中的核心问题，客观合理的定价将对其研发、转让以及产业化起到积极的促进作用。集成电路布图设计价值评估中，同样需要遵循独立性、客观性、科学性、替代性、预期性等原则。但是与计算机软件相比，集成电路布图设计的研究开发、产品化和商业化阶段中都蕴藏着不确定性，具有很高的技术和市场风险。另外，投资决策具有期权特性，其价值主要由未来的增长权确定而不是由现金流确定。

传统上关于集成电路布图设计的价值评估主要采用现金流折现法，由于该方法忽略了投资时机的选择、成长机会的价值以及项目调整的弹性，不能反映布图设计技术创新风险的阶段性差异，会导致价值被低估，对布图设计的开发及集成电路产业的发展造成了不利的影响。综合来看，集成电路布图设计的价值评估比较适合使用实物期权法。

同时，为了科学地评估集成电路布图设计的价值，促进我国集成电路布图设计的创新和产业化，仍需要不断探索适合其的价值评估方法和模型。

二、指标体系

(一) 现行集成电路布图设计价值评估指标体系

冯霞❶提出了一种集成电路布图设计产业化前景评价体系，该指标体系能

---

❶ 冯霞，徐晋. 基于神经网络的布图设计产业化前景评估 [J]. 系统工程与电子技术，2006 (7)：1020-1023.

够反映所评价集成电路布图实施应用的总体目标和特征，不仅考虑了经济性目标、技术性能方面的因素，还考虑了所涉及的各种社会效益、风险因素、市场因素、支撑环境等。

在选择指标时遵循系统性原则、可测性原则、动态性原则、独立性原则和定性定量相结合的原则，以技术性能、经济效益、市场因素、宏观环境4个子系统为基础，建立由42个二级指标所构成的三层次评价指标体系，见表5-8。

表5-8　集成电路布图产业化前景评价指标体系

子系统	技术性能	经济效益	市场因素	宏观环境
评价指标	技术独创性	投入产出比	社会需求强度	符合政策导向程度
	设计新颖性	经济贡献度	产品的市场化程度	芯片产业规模
	技术趋势	运行管理费	同类产品供求比例	相关产业协调发展程度
	技术成熟度	剩余收益期	同类产品质量水平	法律法规保护力度
	布图集成度	投资回收期	潜在用户需求量	资源支撑度
	布图精密性	投资获利额	市场相对吸引力	对相关产业的推动力度
	工业实用性	投资利润率	市场份额	创造就业数量
	技术复杂性	产品销售率	市场竞争程度	降低能耗性
	技术可替代性	产品利税率	市场风险率	环境效益
	布图设计周期		顾客对产品特性识别度	
	R&D 经费投入		市场进入难度	
	生产能力		市场周期	

1. 技术性能

技术性能方面，主要从集成电路布图自身的技术条件衡量其产业化实施的可能性。技术性能又可以分解为技术独创性、设计新颖性、技术趋势、技术成熟度、布图集成度、布图精密性、工业实用性、技术复杂性、技术可替代性、布图设计周期、R&D 经费投入、生产能力。

2. 经济效益

经济效益方面，主要从集成电路布图实施所需要的成本和可能产生的经济效益来评价集成电路布图的产业化前景。经济效益指标主要包括投入产出比、经济贡献度、运行管理费、剩余收益期、投资回收期、投资获利额、投资利润率、产品销售率、产品利税率。

3. 市场因素

市场因素是集成电路布图产业化筛选评价不能忽视的一个重要层面。只有从宏观和微观的需求、市场制约因素等方面综合考察一个集成电路布图的市场潜力，才能保证集成电路布图实施后预期收益的实现。市场因素主要包括以下指标：社会需求强度、产品的市场化程度、同类产品供求比例、同类产品质量水平、潜在用户需求量、市场相对吸引力、市场份额、市场竞争程度、市场风险率、顾客对产品特性识别度、市场进入难度、市场周期。

4. 宏观环境

宏观环境指标主要从宏观的角度，考虑外界支撑条件对一项集成电路布图的实施可能产生的影响，除了要考虑该集成电路布图的实施对企业微观主体带来的效益，还应该考察该集成电路布图的实施给当地社会经济的发展带来的效益。该子系统主要包括符合政策导向程度、芯片产业规模、相关产业协调发展程度、法律法规保护力度、资源支撑度、对相关产业的推动力度、创造就业数量、降低能耗性、环境效益等。

（二）集成电路布图设计价值评估指标体系的探索

在文献调研和实践经验基础上，形成表5-9所列的集成电路布图设计价值评估指标体系。指标体系涉及法律价值、技术价值、经济价值、管理因素4个一级指标，其中法律价值主要考虑权属稳定性和侵权风险，技术价值主要考虑先进性、独立性、成熟度、可替代性和技术发展趋势，经济价值主要考虑成本性、强制许可行、自实施收益、资产运营收益和未来预测收益，管理因素主要考虑企业规模、企业信誉、质量管理体系、销售服务能力和经营风险等因素。

表 5-9 集成电路布图设计价值评估指标体系

一级指标	二级指标	三级指标
法律价值	权属稳定性	权属稳定性
	侵权风险	侵权风险
技术价值	先进性	先进性 1
		先进性 2
	独立性	独立性
	成熟度	技术发展阶段
	可替代性	可替代性
	技术发展趋势	技术发展趋势 1
		技术发展趋势 2
		宏观政策影响
经济价值	成本性	设计成本
	强制许可性	强制许可性
	自实施收益	知识产权技术自实施产生的效益
	资产运营收益	转让、许可、质押融资等收益，与同类资产或者预期相比得分
	未来预测收益	根据目前生产能力、销售情况预测未来收益，预计对成果价值实现的程度
管理因素	企业规模	企业规模
	企业信誉	企业信誉
	质量管理体系	集成电路质量管理体系
		知识产权管理体系
	销售服务能力	销售服务能力
	经营风险	企业经营存在风险可能造成资产价值损失

三、评估方法

集成电路布图设计是集成电路产品制造中非常重要的核心环节，其开发费用一般要占集成电路产品总投资的一半以上。投资者在自主开发或购买拥有某项集成电路布图设计使用权后，就可以通过芯片的生产扩大产品市场份额，获取较高的利润。在集成电路布图设计的开发、交易和产业化过程中，不仅存在管理风险、市场风险、财务风险等，还面临着相对较大的技术风险。与专利权、商标权相比，我国集成电路布图设计的保护力度明显较弱。同为三大工业知识产权，集成电路布图设计的受保护力度明显小于专利权和商标权，在技术研发、商品化及产业化过程中面临着更大的风险。

对集成电路布图设计的价值评估可以通过实物期权的方法进行。实物期权概念是指一个投资项目产生的现金流所创造的利润来自目前所拥有资产的使用，再加上一个对未来投资机会的选择。也就是说，企业可以取得一个权利，在未来某一时点以一定价格取得或者出售一项实物资产或投资计划，因此实物资产的投资可以应用评估金融期权的方式来进行评估。同时又因为其标的物为实物资产，故将此性质的期权称为实物期权。

记 t 为集成电路布图设计投产日，T 为该专有权失效日，D 为集成电路布图设计费用或购买费用，s 为芯片投产前需要的准备年限，I 为投产前准备期间每年的费用，V 为芯片投产后所产生总现金流的现值，θ 表示投产后未来现金流的波动率，μ 为现金流的折现率，r 为无风险利率，NPV 为未来收益的净现值，P 为集成电路布图设计的期权价值，该集成电路布图设计的价值 Q 为[❶]：

$$Q = NPV + P = NPV + VN(d_1) - \left[D + \sum_{i=t-s}^{t} \frac{I_i}{(1+\mu)^i} \right] e^{-r(T-t)N(d_2)} \quad (5-5)$$

其中：

$$d_1 = \frac{\ln \dfrac{V}{D + \sum\limits_{i=t-s}^{t} \dfrac{I_i}{(1+\mu)^i}} + (r + \theta^2/2)(T-t)}{\theta\sqrt{T-t}} \quad (5-6)$$

$$d_2 = d_1 - \theta \times \sqrt{T-t} \quad (5-7)$$

参数的确定如下：

1）时间 t、T 和 s。从当前（评价日）开始计算 t 与 T 的值，s 则单纯为

---

❶ 徐晋，张祥建. 基于实物期权的布图设计价值评估 [J]. 系统工程理论与实践，2004（9）：47-50.

投产前的准备时间。t、T 和 s 一般以年为单位。

2）投产后现金流的现值 V。指利用布图设计进行芯片生产带来期望现金流的现值，可以利用净现值法、决策树法等标准的资本预算方法进行计算。

3）未来现金流现值的波动率（方差）θ。未来现金流现值的波动率主要用来衡量集成电路布图设计所面对的市场不确定性。如果在过去开发过类似的集成电路布图设计，则可以采用其方差作为近似值；也可以合理估计未来的各种市场状况及其概率，得到每一种市场状况下相应的现金流及其现值，然后再根据这些数据计算方差。

4）执行价格。当拥有集成电路布图设计的企业决定投资生产时，就是执行期权，这种投资的成本即为期权的执行价格。它主要包括集成电路布图设计研究费用或购买费用 D 以及投产前的准备费用 I 两个组成部分，二者之和就是期权执行价格。

5）折现率 μ。折现率有两种近似确定方法：①如现金流较稳定，集成电路布图的有效期是 n 年，则红利率近似地等于 $1/n$；②对集成电路布图投资进行产品生产所产生的现金收入流在所有现金收入流的现值中所占比例也可近似作为红利率。

6）无风险利率 r。国债可以看成是无风险的，其收益率可作为无风险利率。但由于利率的期限结构一般是不平坦的，不同到期日的国债收益率不一样，因此，一般使用集成电路布图设计专有权存续期间内的国债收益率或利率结构隐含的远期利率作为无风险利率。

四、评估案例

某公司购买或开发某项集成电路布图设计需要花费 $D=500$ 万美元，预期经过 2 年的准备方可以生产基于该布图设计的芯片，并且每年的投资费用为 100 万美元。考虑到产品更新速度较快，预期 5 年后就可能被新技术取代。最大的不确定性来自市场，预计投产后以等概率获得净现金流分别为 600 万美元、900 万美元、1200 万美元。根据经验，现金流波动率 $\theta=30\%$。公司采取的折现率为 20%，五年期国债利率为 5%。

在传统的公司财务理论中，通常应用折现现金流量法（DCF）评估投资项目，即以预测项目所产生的未来现金流量为基础，项目价值等于预计的未来现金流量依资本成本和风险因素进行折现的折现值（净现值 NPV）之和。投资决策是以投资项目的净现值最大化为基准，若净现值大于零就进行投资，否则放弃投资。

为评估公司在目前是否应该执行该项目，计算该项目未来收益的净现值（NPV）为-27.8万美元。根据计算得到的项目的 NPV 值，分析该项目无法为公司带来正的净现金流，因此应拒绝执行。

然而，考虑到该项目的期权价值，根据式（5-5），计算得到集成电路布图设计的价值为 77.5 万美元。根据实物期权方法的计算结果，集成电路布图设计项目的价值为正，应执行该项目。

从上述结果可以看出，使用两种方法得到的决策结果存在差异，这是由于用折现现金流量法进行投资决策时，不能全面考虑投资项目的各种价值❶。首先，DCF 法容易使人忽略对公司具有战略意义的投资项目，忽略其能给公司带来成长的机会。其次，DCF 法没有考虑管理中的柔性因素，即管理者不能对投资的时机或规模等进行选择，从而对现金流量产生影响。最后，DCF 法不能充分、全面、动态地反映项目运作过程中的风险。总而言之，DCF 法是一种刚性的项目评价方法，它忽视了决策者针对现实情况灵活调整的能力。而实物期权法是建立在与现实情况相吻合的假设基础上，即将企业投资项目中的投资机会看作是期权（选择的权利）而非必须履行的义务，认为管理者在面临这些选择机会时能利用经营的灵活性创造价值，并且选择的机会越多、选择的时间跨度越大、未来现金流量的不确定性越高，该期权的价值就越大。实物期权法充分考虑了决策者灵活选择的可能性，并对这种选择权进行了计量，因而能较好地适用于不确定性环境下的投资决策。

---

❶ 郭岚，张祥建，徐晋. 基于实物期权的集成电路布图设计投资决策分析 [J]. 科研管理，2008（4）：71-75，94.

第六章

科技成果价值评估
发展趋势展望

第一节 科技成果价值评估现状

一、国外科技成果价值评估现状

（一）美国具有规范化、多元化、市场化、公开化的"四化"科技成果
价值评估体系

1. 美国的科技评价管理体系❶

美国将科学和技术管理的职能下放到各级部门和社会各界。联邦政府下
属的各个部门大都有涉及科技的管理机构，作为立法机构的国会两院（参议
院和众议院）也有相应的科技决策、咨询机构，影响有关科技的立法工作。
与此同时，美国科学界又具有强烈的自治传统。在这种环境下，美国科学界
和国家权力部门逐渐认识到两个不可避免、同时存在的问题，即官方对科技

---

❶ 李东. 美国的国家创新体系［J］. 全球科技经济瞭望，2006（3）：6.

活动必须进行有力的介入和干预；但与此同时美国社会和个人的自由自治传统也必须得到维护。美国的科技决策管理体系正是在这样的两极之间寻求一种平衡和妥协。

美国没有统一的科技管理机构，一直保持着一种多元化、分散式体系，各机构分属于各个不同的职能部门，根据各自的使命进行科研开发和管理；在经费上，政府也是直接划拨给各个部门。许多联邦政府部门都直接资助科研项目，特别是对于和国家战略性目标相关的科技研究，如农业、环保、医药和卫生等领域的研究。美国的科技管理体系具有明显区别于其他国家的特征，这当然也和美国的国情密不可分。简要将其归纳为如下几个主要特征：

（1）自由化

在科研活动中，非常注意维护研究人员的学术自由，强调学术界的独立自治和学术研究的独立自主，不轻易受外界因素干扰。

（2）多元化

在科技管理体系中存在多元化的资源配置方式、多元化的科技管理手段，也经常存在多股不同力量间的竞争。同时因美国是一个非常多元化的社会，科研力量也很多元化。联邦政府、产业界、大学和民间非政府组织都有一定的实力和资源开展科研工作，并在很大程度上是相互补充的。

（3）规范化

在经过相当长的时期后，美国科研体制已形成相当透明、公开的规范和制度。无论是对科研活动进行管理方面，还是在开展研究活动的过程方面，美国都已经具有相当成熟的规则可循。

基于系统论的观点，美国科技评价体系与各种科技活动密切相关，是一个复杂的系统，涉及评价来源、评价主体、评价客体、评价方法、评价标准、评价程序、评价反馈与完善、相关保障条件等基本要素及其内在的相互联系。其科技评价体系的基本框架如图 6-1 所示。

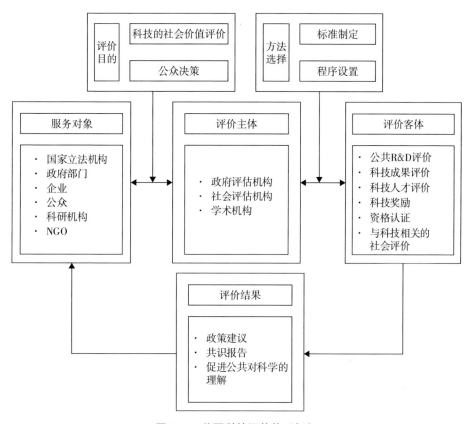

图6-1　美国科技评估体系框架

基于科技评估体系框架，美国科技评价体系主要具有以下特征：

（1）规范化

美国的科技评价是有立法保障的。美国国会一级的有关科技评价机构的作用、功能、权利和责任都有明确的法律条文予以确定。新的科研计划项目一经批准，就会以法律形式固定下来。一项活动，一旦由法律的形式给予保障，其规范性就会大大增强。

（2）多元化

评价活动高度分散，评审委员会的组成多样化，各种评价和评价方法间常常存在争论，多种评价方法并存。

（3）市场化

在美国，各个领域存在着各种类型的科技评价，但却很难找到一个由美国联邦或州政府机构主持的评价活动。科技评价是专业性很强、技术含量很高的研究活动。美国政府只是出资，由其他机构、部门负责评价活动。美国科技评价的这种出资人和执行者相分离的制度，在一定程度上能保证评价的公平性和合理性。

(4) 公开化

公众通过对政府科研进行绩效评价来监督政府公共支出。通过对政府支持的科学研究进行绩效评价，美国民众（纳税人）可以充分了解公共资金在科学领域的投入情况和收益率。

2. 美国的科技评估体系主体分析

基于美国科技评估机构呈现多元化、分散式体系特征，美国的科技评估机构大致分为三个层次：国会、联邦政府科技评估机构；社会科技评估机构；大的院校和学术机构。当前其国家层面法律规范下，以《政府业绩与成果法》（GPRA）为主线、联邦政府项目评级工具（PART）为主要工具和手段，国会、联邦政府和学术机构各自独立又相互制约的科技评估体制建构能够较好地满足当前的科技管理需求。

(1) 国会、联邦政府科技评估机构

美国没有统一的科技管理机构，一直保持着一种多元化、分散式体系，各机构分属各个不同的职能部门，根据各自的使命进行科研开发与管理。因此，美国政府中并没有一家负责全面管理科技评估的机构，也没有任何一个政府部门负责对评价机构的认证。但国会和政府设置了一些诸如美国国会技术评价办公室（OTA）、国会预算办公室（CBO）、国会研究服务部（CRS）、美国审计总署（GAO）等的科技评价办公室，它们主要是为国会和政府机构提供服务。另外，各个政府部门也设立了同样性质的评价办公室来评价和评估本部门的科研工作。

美国国会技术评价办公室（OTA）创立于 1972 年，其主要任务是为美国国会提供深层次、技术含量较高的科技评价报告，为国会成员及各社会团体进行与技术相关的公共政能分析。由于美国立法和行政之间存在着明确的分权，因此，OTA 同时成为政府和国会的重要工具，在资源分析方面协调两者的关系。为了便于 OTA 行使自己的权利和履行义务，保证客观性和独立性，每年由财政部拨款给 OTA，一般需要一年半到两年完成一个评价报告。尽管1995 年该机构已经关闭，但 OTA 在美国科技发展中的作用不可忽视，至今仍具有较大影响力。

国会预算办公室（CBO）成立于 1974 年，是美国国会决策支持机构之一，向国会提供方案，进行经济影响分析。因此，它能够向国会提供关于预期政能方案、已有的政策和项目的评价，每年大约有 1000 个这种评价提交到国会。

国会研究服务部（CRS）设在国会图书馆内，其职能是为国会议员解答大量、广泛的问题，研究采用各种不同的方式，如报告、法律研究和分析综述、背景资料以及准备讲话材料等。国会研究服务部不为撰写报告而收集原始数据，而是使用已有的评价报告，综合和提炼它们的主要结论，把有关材料提供给国会。

美国审计总署（GAO）成立于 1921 年，主要承担对政府机构、政府组织、政府计划的审计和评价任务。该组织的最高负责人（总审计长）由总统提名，参议院批准。GAO 进行的审计和评价工作大部分是应国会各委员会的专门要求而做的。其分支机构遍布全美国及世界各地，在华盛顿特区设有总部，在美国本土设有 14 个地区性办公室，在美国以外有两个海外办公室，正式工作人员 5000 余人。美国审计总署每年开展 1000 多项后评价性质的工作。美国审计总署完成一项报告平均需要 9~12 个月，对特别复杂的评价需要两年或更长的时间。

以上评价部门中，不同的评价部门其评价的侧重点也不尽相同，如美国审计总署注重项目、政策的事中和事后评价；国会技术评价办公室则注重项目、技术的事前、事中评价；国会研究服务部则侧重政策的事前、事中和事后评价；国会预算办公室侧重计划、政策的全过程评价❶。

除了上述评价机构，美国有关政府部门也都设有类似的评价办公室，如卫生与人类服务部计划与评价助理部长办公室、卫生与人类服务部监察长办公室下的评价与监察办公室、环保署监察长办公室下的环境项目独立评价办

---

❶ 参见"美国科技评价制度的基本特点和主要经验"，https://www.docin.com/p-820125598.html。

公室、国立卫生研究院综合分析与战略计划办公室下的评价处，以及疾病预防控制中心评价工作组等。这些联邦政府部门下设立评价机构，分别负责本部门内的宏观科研评价工作。

（2）社会科技评价机构

美国政府同时也委托一大批高水平、相对稳定的社会咨询评价机构，包括企业和营利机构，承担具体的评价活动。政府只是出资，由其他机构、部门负责评价活动。美国科技评价这种出资人和执行人相分离的制度，在一定程度上保证了评价的公平性和合理性。世界技术评估中心（World Technology Evaluation Center，WTEC）就是其中一家有代表性的非营利评估组织。

美国管理科学开发咨询公司（MSD）创立于 1979 年，其主要业务是为政府机构、各类商业组织、科研机构提供信息咨询、技术评价、人力资源开发与项目指导等。

世界技术评估中心（WTEC）成立于 1989 年，曾是马里兰 Loyola 学院的一个部门，现已成为一个独立的国家水平的非营利性研究组织。其主要从事技术领域的宏观评价，为美国政府的政能制定人员、科技管理人员以及各类科技项目开发人员提供有关国际技术项目状况分析，也进行国内外科技项目的立项、比较与评价服务。该中心项目来源包括 NSF、NIH、NASA、NIST、FDA 等与科研管理有关的政府部门，评价领域涵盖信息、电子、生物、制药、核能、深海等各个领域。其下设机构有国际技术调查中心、技术开发与推广中心、项目中心。

美国国家科学基金会（NSF）自 1950 年成立以来，主要是资助自然科学和工程学科领域的研究和教育的主要机构。美国委托 NSF 作为 GPRA 的试点机构，提出科技成果评价标准。主要包括两项内容：①申请项目的学术价值。申请项目对推动所属专业领域或者涉及其他领域的前沿研究的重要性，申请者（个人或集体）作为项目运作者是否合格（如合格，评审者将就其前期工作进行评估）；申请项目在探索创新性和原创性方面深入到何种程度；研究项目的技术路线和队伍组织如何；是否具备必要的资源。②申请项目的广泛影响。申请项目如何在推进教育、培训和学习的同时使人们拥有新的发现和认知；申请项目是否扩大了未被充分代表人群的参与；申请项目将在何种程度上增强诸如设备、仪器、网络等科研和教育基础设施的建设；申请项目的成果是否会广泛传播，以增强公众对科学和技术的认知；申请项目可能带来何种社会效应等。

除了像世界技术评价中心、美国管理科学开发咨询公司这样的非营利评价组织，美国还有大量高水平的面向市场的科技评价公司，比较著名的评价协会有美国评估师协会（ASA）、评价学会（AI）等，仅美国评估协会网站上所列能够提供科技评价的公司就有近 300 家。这些公司主要通过市场竞争来体现其评价能力和水平并赢得信誉，从而能够在科技评价市场上站稳脚跟。

（3）学术机构

美国的学术机构一般指综合性的学术组织，包括专业性学术社团的联合体组织，通常具有完善的组织网络、雄厚的研究资源、成熟的运作机制和显著的社会影响力。美国国家科学院、国家工程院、医学研究院"三院一会"体系的常设机构国家科学院理事会（NRC）是美国科学技术评价体系及其重要的组成部分。NRC 往往只接受国会或联邦政府委托，展开对重大学科研究项目的评价活动。此外，NASA、NIH、NSF、NIST 等机构都有自己的评估体系❶。

综合性学术社团，它是综合性的学术性非政府组织（包括专业性学术社团的联合体组织），旨在从整体上促进一个国家或地区科学技术的繁荣与发展，因而在科技评价网络中发挥着重要影响。例如，NRC 提供的科技评价报告对国会立法和联邦政府及其有关部门科技政策的制定起到了重要作用。近年来，国家科学研究理事会的科技评价有进一步深入到机构层面的趋势。

创建于 1848 年的美国科学促进会（American Association for the Advancement of Science，AAAS）是世界上著名的学术团体之一，是美国科技人员的最大社会组织，也是美国政府的科技智囊，在美国的科技评价体系中发挥着至关重要的作用。AAAS 从事的科技评价主要包括科技政能相关的评价、科技奖励、"2061 计划"中的职业资格认证和项目评价等三方面内容。

美国教育理事会（ACE）是 COPA 的下属组织，专门侧重对美国研究生

---

❶ 郭华，孙虹，阚为，等. 美国科技评估体系的研究和借鉴［J］. 中国现代医学杂志，2014，24（27）：4.

较多的学校分学科进行博士生教育质量评价。

专业性学术社团是在特定学科领域的科研人员中形成的学术共同体组织，主要为该学科的科学研究和学术交流服务。例如，美国建筑师学会（American Institute of Architects，AIA）于1857年成立，是美国建筑界最具影响力的组织，致力于"促进会员在建筑学术和实践上的能力和水平，提升建筑师的职业标准"。美国建筑师学会开展的评价工作主要包括参与建筑师认定和科技奖励两部分。

美国的科技评价组织还包括由美国大学教授组成的各种专业委员会，如研究生专业教育委员会主要制定研究生教育政策、组织研究生评价等；全美大学教授联合会（AAUP）主要负责教师业绩评价、研究项目评价、聘任制度评价等。

（二）法国具有完善的科技成果价值评估法律制度，评估过程透明、公正、有序

1. 法国科技评估的法律规定

法国政府把科技评估作为政府科技管理的重要环节，并做出法律规定。1985年，法国政府颁布法令（第85-1376号），从法律上确立了科技评估的地位。第5款"研究政策与技术开发的评估"中第14、15条规定："法国研究与技术开发计划根据各自的指标受到评估。评估的指标和评估方法在计划实施之前就已确定——公共研究机构按照定期评估的程序开展评估。"法律明确规定，国家级的科技计划、项目未经科技评估不能启动，评估师必须对其所做评估负法律责任，若存在违法行为将受到法律的制裁。随着法国评估体系的建立和完善，科技评估已成为法国政府决策、管理的重要保障。

基于这样的法律规定，法国的科技评估报告人具有特殊的权利，他可以对国家机构的任何地方进行检查，可以接触所有行政部门的资料，除了涉及国防和国家安全的资料❶。在执行公务遇到困难时，还可以享有议会调查委员会的特殊权利。这样形成的报告结果，将直接用于立法讨论和预算参考。评

---

❶ 夏婷，宗佳. 法国科技评估制度简析及对我国的启示［J］. 学会，2018（5）：46-50.

估过程中，报告人如果认为有必要，还可以组织听证会向新闻界开放，以收集一些与问题相关的个人及组织的意见，并将听证会的小结作为报告的附件体现在报告中。

2. 法国的科技评估体系

（1）国会科技选择评价局

国会科技选择评价局的设立与法国三权分立的政治体制紧密相连，体现了议会与政府之间的权力制衡。20世纪80年代，为了独立地评价政府对科技政策的重大方针，法国国民议会决定成立一个属于自己的评价机构，于是在1983年创立了国会科技选择评价局，以便对国家总的科技发展方向进行评价，并为政府选择科技发展方向提供论证。

1）法定任务。将科学技术选择的结果报告议会，帮助决策，职能包括搜集信息、实施研究计划和进行评估。

2）人员及机构构成。由参议院和众议院中部分议员组成的专门委员会、委员会附属秘书处和办事机构构成。多数成员在科技方面具有丰富经验，其中部分人长期担任政府部长等职务。下设的科学理事会由15名非国民议会的科学家组成。

3）经费。完全由政府承担，除人员工资外，评估经费每年500万法郎，以保证整个评估过程的独立性。

4）评估程序。在本局内部指定专门人员担任评估报告的起草负责人，报告起草负责人向国会评价局提交可行性报告，在此基础上做出决策。如果起草可行性报告需要调查，负责人可以组织议会以外的专家组成工作组，也可聘请独立研究机构（国内外均可）参与。报告起草负责人具有很大的法律权限，可以检查全部国家机构的任何层次和部门，可以接触行政部门的任何资料（国防和涉及国家安全的资料除外）。报告所得结论可以在立法和预算讨论中直接运用。

5）特点。评估活动重点突出，范围仅限能源、环境、新材料和生命科学四大领域。评估所得报告作为特殊资料在文献馆、国民议会报告厅和参议院书店公开销售。

（2）国家研究评估委员会

成立于 1989 年 5 月的国家研究评估委员会的主要任务包括评估政府的科研政策、计划、项目、法规，评估公共研究机构，制定有关科技评估的政策、规定，认定评估事务所和人员的资格，培训评估人员。国家研究评估委员会由 10 名委员组成，1 名是总统指定的国家顾问，1 名是国家审计署的代表，其余 8 名由部长会议任命，其中 4 名来自法兰西科学院和国家科学技术高级委员会，4 名来自社会、经济、文化、科技界。此外，还有一个评估专家网（包括国外专家）配合委员会工作。

1）经费。由政府全部承担，除工资外，年度工作经费约 350 万法郎。

2）特点。法国国家研究评估委员会具有相当重要的权威性，负责确定评估方法，挑选委员会以外的专家，制定详细的招标规则。评估过程中成员发表各自观点并进行辩论，得出集体意见作为评估结果。整个评估过程采取异议制方式，允许被评估机构阐述其观点甚至对评估结论提出异议。被评估机构必须根据评估报告的建议采取措施，并向政府主管部门报告。

（3）科研机构及高等教育机构内部的评估体系

法国各科研机构内部均设立相应的评估机构，并已形成完善的、制度化的对实验室和人员的评估体系。采用的主要形式是评价委员会按学科和学科组分类，委员会中 2/3 的成员从研究人员中选举产生，另外 1/3 由科研机构负责人任命或聘请国内外专家。评价委员会定期（一般为 4 年）对本机构的实验室和研究人员进行评价。其主要职能是进行机构内部的自我评价：一是评价自己的发展方向，科研选题是否得当，国家科研投入的情况；二是评价机构的内部设置是否合理有效，包括老实验室的运行和新实验室的建立；三是评价研究人员是否称职尽责。以国家科研中心的评估机构为例，该机构与研究员工会共同组织成立一个全国评估委员会，其好处是能够达到全国平衡，且评估结果公开、透明。委员会中有 40 个左右的学科，每个学科有 24 人，一部分是科研中心任命的，另一部分是工会选举产生的，对科研中心约 12000 个研究人员进行评估。内部机构主要有科学理事会、跨学科委员会、学部理事会、跨学科计划行政委员会和计划委员会等。全国科学研究委员会每两年对科研中心直属或协作的实验室进行一次评估，内容包括实验室的创建、更新和撤销，科研人员的晋升以及经费需要和人员聘用等方面的建议。评估工作通常采取同行评议制，如对科研人员的招聘和晋升根据其档案，征求国内外同行专家的意见。大学等高等教育机构的科技评估由国家研究评估委员会负责，其评估体系、理论、方法、标准与上述类似。

（4）中介机构

已有资料显示，法国的科技中介机构在整个科技评估体系中数量不是很多，发挥的作用不是十分显著。中介机构（或个人）只要经国家研究评估委员会认定，符合法定条件便可取得从业资格，从事评估工作。中介机构的科技评估是法国科技成果转移业务中的重要一环，连接了科研机构和企业，提供了从项目评估到市场调查，再到后期跟踪的全方位高质量服务，实现技术的市场化推广。

法国科技创新与转移有限公司（以下简称 FIST）是比较有特色的中介评估机构。FIST 是一家以科研机构为后盾、为科研机构和企业服务的公司。其主要业务是在全国及欧洲范围内从事技术转移和许可证贸易，其中就包括一部分科技评估业务。该公司由一些公共科研机构以股东的身份参与董事会，由独立的法人牵头注册并实行管理，实行总经理负责制，自负盈亏。在技术转移的选择项目阶段，FIST 会对这些成果进行分析评价，向用户提供技术分析的可行性报告，以此为结论服务于下一阶段的寻找转移对象过程。由于 FIST 转移的科研成果大部分来源于法国的科研机构，其工作相当于对国立科研机构的科技评估。

3. 法国的科技奖励制度

法国的科技奖励制度与科研人员职称评定、科技项目经费划拨是截然分开的，仅仅是鼓励科技创新、奖励科技人员的一种激励手段，而且法国的科技管理制度虽然带有明显的政府集中干预特征，但在科技奖励方面却实行了典型的市场经济模式，体现出明显的分散性，没有系统的、层次鲜明的科技奖励体制，各个奖励之间互相独立，不存在各种科技奖励之间森严的行政隶属关系。

（1）法国科技奖励的特征

1）人物奖多于成果奖。例如，最负盛名的国家科研中心的金、银、铜奖章，平均每年 95 个奖和资助都是给个人的。人物奖是对累积成果的奖励，一般都经过了检验，评奖过程相对公正。

2）自然科学奖多于发明奖，对应用成果奖不给予特别的重视。自然科学奖主要针对基础研究进行奖励，其数量多体现了法兰西民族崇尚科学的传统，也是欧洲国家与美日两国在奖励制度方面的区别之一。法国对应用成果的奖励绝大部分在企业内部完成，很少采取企业外的奖励形式，一般是依靠专利制度以及系统的晋级制度达到对科研人员的奖励、激励效果。

3）民间奖多于政府奖。即使是政府奖，其评审也采用同行评议制，政府并不介入。

4）纯精神奖励很多，例如科研中心的金、银、铜大奖，法国大金质奖章等。很多纯精神的奖励都是相应领域内相当高规格的，被全社会高度认同，这一方面体现了科研人员对真理的追求，以及科学研究活动的纯粹性和高尚性，同时也体现出科研人员不仅有充足的个人物质生活保证，而且其研究需求也有完善的支持体系，并不依赖科研奖金，减少了评奖的弊端。

（2）科技奖励的评审

以法国科学院为例，在其章程中明确规定了科技奖励的一般程序。评奖委员会一般由科学院会员组成，对于涉及应用方面的大奖，评奖委员会则由科学院会员和其内部的应用委员会成员共同组成。评奖委员会属临时性机构，由科学院执行局（由院长、副院长、两位终身秘书组成）在征求各学部意见后推荐初步名单，再由科学院内部的保密委员会通过选举产生最终成员，每年选举一次。评奖委员会按照研究领域分成若干专业评选委员会，各委员会平均每年召开 2~3 次会议进行评选。评奖委员会召开会议需要达到法定人数的 2/3 才算有效，形成评委会最终意见，并送交科学院的保密委员会。保密委员达到法定人数的 40% 即可进行表决，确定奖项的归属。

4. 法国科技评估特点

（1）注重事前评估

按照时间顺序，可以将科技评估分为事前、事中及事后评估三类，我国的科技评审主要是事中、事后评估，法国更重视事前评估。为了科学地制定科技战略、计划和政策而进行的事前评估（或称预测），需要依靠可靠、完善的科技指标，以此反映法国各领域的科技实力状况及变化。

（2）严格评估师从业资格

法国所有的评估人员都必须从国家研究评估委员会处取得从业资格，否则所做评估无效。法国有专门的评估师培训学校，大学毕业生要经过专门的学习，通过严格的考核才能成为评估师。国家研究评估委员会制定了有关法规以规范评估师的行为，评估师必须遵守。评估师必须对其所做评估负法律责任，若存在违法行为，将受到法律的制裁。而评估一经做出，就会得到政府、社会的广泛承认，税务部门将以此为依据计算税额。

（3）评估透明、公正、有序

在法国，科技评估的活动和结果都不是封闭运行的，而是形成了全社会广泛认同的透明、标准的评价程序和办法。评估委托方和接受方可以交涉、协调，如果双方存在争议，还可以委托其他机构重新评估，评估结果高度透明。一方面被评方可以实施查询；另一方面在国家保密制度范围内，很多结果经委托方允许，可以成为公开的文献和资料，供公众查询。科技评估的这种公开性，保证了整个科技管理体系的透明、公正、有序。

（三）德国具有特色的同行评议机制，科技成果价值评估体系呈现集中与分散相结合的特点

同行评议作为一种具有主观性特点的学术评价方法，被认为最早出现于英国皇家学会（成立于 1660 年）会刊《哲学学报》《Philosophical Transactions》的审稿程序中。后来，这一方法被广泛地运用于各学术评价领域。无论是期刊文章评审中，还是在科研资助分配或学术招聘程序中，同行评议作为"学术界内部一种制度化的自我控制"，最有可能判断研究质量，也最契合科学研究的多样性和复杂性。由此，在学术评价机制转型中，应发挥同行评议基础性作用❶。

然而，同行评议有明显的缺点❷：第一，由于缺乏协调，不同评估程序时

---

❶ 臧莉娟. 多元评价转型：学术期刊质量评价困境及实践进路［J］. 中国编辑，2022（10）：64-69.

❷ 巫锐，陈洪捷. 质量何为：德国学术评价机制转型研究［J］. 中国高教研究，2021（1）：83-88.

间间隔太短，且支持同行评议所需资料（包括机构提供的资料）常常难以统一，负责机构需要承担很重负担；第二，由于管理服务很难跟上，评审工作量总体分配并不均衡，这会导致一小部分专家承担的评审任务过重；第三，同行评议易受个人和机构声誉的影响，评审有时也倾向于在判断中引入自身在题目和方法上的偏好，且易受群体压力影响，往往得出同质化判断，这会导致研究者偏重学术界主流题目，阻碍创新研究。

基于以上问题，德国的做法是从三个方面改进同行评议机制❶。首先，由于同行评议动用大量资源，在采用此方法时，组织方应充分说明理由。通过此程序旨在让负责机构认识到组织同行评议的必要性和可行性，以便做好准备工作。其次，同行评议与其他评价方法一样，存在缺陷，应反思评审程序并做好质量保障工作。在选择评审时，注重组合多样性，特别是纳入国际评审和引入青年学者。最后，评审中须对同行评议风险保持足够警觉，包括偏爱主流题目、群体压力影响等。由此看来，尽管同行评议是从定性角度评价学术工作的基本方法，但使用者须对这一方法的风险保持高度警惕，而评审的选择与组合则是保障同行评议质量的关键要素。其中，德国科学理事会专门强调，同行评议应纳入不同职业发展阶段的学者，特别是青年学者。这有利于实现评审任务的合理分配，保障评审成员拥有充足的评阅时间，以提升论文评审质量。对青年学者而言，也能通过评审工作获得学习机会，以更好融入学术共同体，这有利于提升同行评议的整体质量。表6-1列出了德国科学理事会关于五类量化指标的意见。

表6-1 德国科学理事会关于五类量化指标的意见

绩效指标	功能	问题	使用方式
文献计量	为同行评议提供信息支持	刺激更多文献发表，而非传递认知	只能在同行评议中使用，告知评审文献计量方法或纳入懂得文献指标计量的评审

❶ 陈强，殷之璇. 德国科技领域的"三评"实践及其启示 [J]. 德国研究，2021，36（1）：4-21，171.

续表

绩效指标	功能	问题	使用方式
申请项目额度和项目列表	经费额度反映申请书质量和申请者已有科研成绩，但不能反映经费能带来的科研质量；项目列表可反映项目种类和申请策略	在不同学科领域，针对不同研究任务，经费数量和研究质量并非线性相关	考虑专业领域平均值；区分竞争性经费与非竞争性经费
博士毕业获取教授资格数量	反映培养学术后备力量的范围而非质量	在不同专业，博士生数量和培养质量并非持续呈正相关关系	仅作为培养学术后备力量工作证明
科研奖项/大会发言	反映科研成绩第三方认可度，也反映学者能见度和知名度	不排除学者研究"时髦题目"	应注意指标局限性
专利收益	反映产品成功度，也能反映科研成绩质量	仅用专利指标评判科研应用成绩并不恰当	应配备专利价值信息

（四）日本具有较完善的科技成果价值评估组织机构，科技成果价值评估范围广

日本实施了"科技立国"的战略，日本政府对科技的发展非常重视并大力扶持。日本的科技活动评估制度大都与美国的科技评估制度类似；其科技评估组织机构较完善，建立了科技评估的准入与资质制度，科技评估组织机构也具有三个层次（国会或国家级、地方或州级、科研院所级）。近几年还迅速发展科技中介服务业，形成了以企业为主，大学、政府研究机构为辅，较为完整的各类行业评估体系，促进了科技领域的创新和技术成果转化。

日本科技评估的范围十分广泛，既包括接受政府委托或作为联合研究伙伴、利用政府资金的私营研究部门的研发活动，也包括日本政府资助的海外研发活动[1]。对研究开发课题的评估：在立项时、项目实施和项目完成后，评估课题的意义、目的、目标、方法，以及资源（人才和资金等）分配是否合理妥当。评估方法有总体评估法、经济评估法、复合评估法等。技术评估支持系统主要有评估者选择系统、评估预算系统、评估信息系统，以及评估与

---

[1]　徐峰. 国外科技评估的特点及对我国的启示 [J]. 科技管理研究，2007（9）：77-80.

改善技术评估系统本身的评估自控系统❶。

日本国际协力机构（JICA）的评估体系主要负责日本政府发展援助（ODA）中技术援助、部分无偿资金援助活动的管理。目前在中国实施的合作领域项目包括环保、节能、防治传染病、加强政府管理等方面。JICA 的评估目标是运用评估结果改进项目的效率和效果，将评估作为项目管理的工具。它的项目评估分为前期评估、中期评估、完成评估和后期评估。完成评估在项目结束时实施，强调效率、效果和可持续性。后期评估是在项目完成一段时间后实施，主要是为了总结经验，提出对管理进行改进的建议。评估方法中运用了相关性、效果、效率、影响和可持续性五大评估指标评价项目的价值，该指标体系 1991 年由经合组织（OECD）发展援助委员会（DAC）首先提出。

日本学术振兴会（JSPS）于 1967 年设立。JSPS 作为日本的重要科学基金资助机构，其主要任务是负责资助项目的管理。全部评审工作直接由分布在日本各地的专业委员会分委员会承担。专业委员会的分委员会基本上是按学科专业划分，对于权威性的分委员会专家的遴选和管理具有一套可操作性强的规范制度。

负责 JSPS 项目评审任务的主要包括物理、化学、生物、人文社会、理、工、农、医等二十几个学科，100 多个大大小小的评审委员会。JSPS 负责将每年收集上来的申请按照规定进行详尽的分类，然后将计划分别寄给专门负责评审该学科计划的分委员会，由各个分委员会负责组织对项目申请书进行初审和会审，并将评审结果反馈给 JSPS。评审结果以综合评分表示。评定要素包括研究内容、研究目的、独创性、对本学科领域以及相关学科领域的贡献度、对以往的研究经历和研究成果等的评价、对当初重复申请的研究课题的评价、研究计划的可行性、研究项目，以及审查类别的合适性和申请的研究经费的合理性等。

专家推荐应依据如下原则：具有科学研究费申请资格；注意大学间的平

---

❶ 黄建国，吕郦慷. 日本科技评估制度的特征及其对中国的启示 [J]. 中国科技论坛，2007（4）：135-137.

衡，不得过分集中；注意考虑年龄构成（规定在 60 岁以下），鼓励青年研究
者加入；注意在候选者中要有相当数量的女性研究者。现任评审专家不得推
荐为新评审专家：要考虑平衡公立、私立大学的研究者；规定特定大学（机
关）的评审专家（包括连任委员）所占的比例不可超过分委员会单位所定人
数的 1/3。

（五）中国的科技成果价值评估模式逐渐规范化、体系化

从科技成果评价的实践来看，对于如何针对科技成果的多元价值开展评
价，尚缺乏较为完善的评价标准；针对基础研究、应用研究等不同类型的研
究成果，如何从多元价值的角度出发，开展分类评价，也缺乏具有可操作性
的标准规范。基于以上分析，构建一套科学、合理、操作性强的科技成果多
元价值分类评价指标体系是非常必要的，对于促进我国科技成果评价机制的
完善、提高科技成果评价的标准化、规范化水平，具有重要意义。

由于中小科技型企业（特别是科创孵化企业）一般没有优质的固定资产
作为抵质押，因此很多银行不愿与其打交道，就连唯一看好的知识产权等科
研成果也鱼龙混杂。没有权威的评判标准，自然误伤了一批有真实科技含量
小微企业融资。

因此，原来的科技成果鉴定属于政府行政职能，而现在规定科技成果评
价工作委托给第三方专业评价机构。为防止第三方机构泛滥，这些机构就需
要有相应的准入条件，而且政府方面也需要设立一些监管机制。国家科技成
果鉴定工作取消后，当前很多地方部门和机构都在探索开展成果评估评价，
将来需要国家层面统筹出台成果评估的指导意见和相关标准，明确基础共性
要求，引导行业健康有序发展。

二、中国科技成果价值评估面临的重点问题

（一）科技成果价值评估强依赖评估人员的主观性，权威性不够

专业的评价机构可以保证评价过程的规范，高水平的评价人员可以保证
评价结果的权威，科学的指标设置可以保证评价的科学真实，最终提高科技

成果评价的效果。

复合型专业评估人才建设迫在眉睫。依据《科学技术评价办法（试行）》中的评价细则，科学技术项目评价实行分类评价。科技成果价值评估应根据各类科学技术项目的不同特点，选择确定合理的评价程序、评价标准和方法，对基础研究项目、应用研究项目、科学技术产业化项目、社会公益性研究项目和科学技术条件建设与支撑服务项目等多种类型项目的经济价值进行客观、公正和全面的评价。在现实的评价工作中，上述类型项目下又细分为农业、医学、化工、机械和环境等诸多学科，各学科本身又具有分支多、分类广、交叉性强的特点，这无疑对专业人员跨学科的知识储备和专业素养提出了更高的要求❶。评估人才的建设是评价工作中极其重要的一个环节，作为专家和项目完成单位之间的纽带，评价人员的整体素质直接影响着第三方评价机构的外部形象和评价报告质量，最终关系着整个评价业务的开展和可持续发展。

科技成果价值评估体系不完善，评估内容与结论缺乏统一标准。对于不同类别的科技成果，缺乏统一的、公认的成果价值评估指标体系。在同一成果的不同研究、推广、转化阶段缺乏相应的系统性指标，使得评估结论尺度不一。目前广泛采用的同行评议评价方法是以评价者的主观判断为基础的一种评价方法，这种评价方法往往受评价者主观意志的影响及其知识、认识水平的局限，容易带有个人偏见和片面性❷。

（二）科技成果价值评估机构的资质认证较为混乱，公开性不高

评估机构的资质标准不明，评价工作没有明确标准，同时也缺少有关科技评价工作人员及评价专家的资质要求❸。2009 年的《科技成果评价试点暂行办法》第 4 条规定，科技成果评价机构是指参加科技成果评价试点的具有

---

❶ 唐涛，杨睿智，刘洪麟，等. 新形势下科技成果评价面临的问题与对策［J］. 技术与市场，2022，29（10）：166-167，170.

❷ 李丽，唐淑香，伍险峰，等. 我国科技成果评价制度存在的问题与对策［J］. 科技信息，2012（26）：97-98.

❸ 谭华霖，吴昂. 我国科技成果第三方评价的困境及制度完善［J］. 暨南学报（哲学社会科学版），2018，40（9）：32-40.

科技成果评价业务能力，独立接受科技成果评价委托，有偿提供科技成果评价服务的社会中介服务机构和事业单位。依照该规定进行筛选，有资格成为第三方评价机构的包括科技社团、大学、研究院以及民营企业等。但是在当前制度体系下，上述社会主体究竟需要满足哪些条件、符合什么标准才能承担科技成果评价工作并不清晰，第三方主体的专业能力没有保证。除此之外，评价机构的工作人员以及评价专家的专业素质也都会对科技评价的结果产生直接影响。但是我国目前并没有关于科技评价从业人员的资格认证考试，也没有评价专家筛选的明确规范，这同样有损第三方评价的专业性。不仅如此，资质不明也会影响到科技成果第三方评价中的责任划分和承担。科技成果评价作为对科技活动过去阶段的总结和未来发展的肯定，评价结果往往会影响科技成果的转移和应用，很可能会直接与相关主体的经济收益挂钩，因此科技成果评价活动同样会引发法律纠纷。但是在现行规范不完善的情况下，第三方机构以及相关人员能否承担以及如何承担相应的法律责任还是一个有待讨论的问题。

（三）科技成果价值评估难以服务于科技成果转移转化，市场转化率低

科技成果转移转化最重要的一个环节就是"供给侧"的科技成果与"需求侧"的企业信息进行有效对接❶。目前存在两方面制约双方有效对接的因素：①科研人员不了解市场，或者科研人员与企业之间存在交流障碍；②高校或科研院所科技成果数量庞大，水平参差不齐。为了解决上述问题，国家大力推广培育技术经理人和技术转移机构，各地方政府也不断加强技术成果的宣传和推广，打造交流和信息交换的平台。由于对科技成果的推广宣传基本上还是以一般性描述为主，并且表述水平参差不齐，缺乏标准化价值评估方式，成果需求方难以在第一时间从众多类似的技术或竞争性技术中抓取到技术优势特点符合企业需求的成果。

目前高校和研究机构对科技成果或科研人员晋升的评估多以论文数量、专利产出为重要指标，无法直接反映一项科技成果在科学界和产业界的影响。在这种机制下，科研人员产出的科技成果往往与企业发展需要、产业进步需

---

❶ 赵红美，林瑞. 天津市科技成果转移转化方式、问题及对策建议［J］. 科技中国，2021（8）：74-77.

求脱节。因此，成果转移转化过程中，也就造成了虽然科技投入大幅增加，但鲜有面向产业发展需要、国家需求的"真正的大成果"产出，进而造成科技成果不能有效转化的问题愈加突出❶。

第二节　科技成果价值评估展望：运行体系规范化

一、推动科技成果价值评估法制化建设

综观发达国家科技评估的发展经验和规制模式，从立法层面做出相应的制度安排，推动科技评估活动规范化、常态化成为客观需要和现实趋势。为了有效回应当前我国科技评估工作中面临的制度掣肘和现实阻滞，我们有必要借鉴发达国家科技评估立法的优秀成果，对立法的前提条件即必要性和可行性进行实效分析。

首先，从必要性来看，推动科技评估的法制化建设，不仅有利于解决科技评估长久以来的立法迟滞问题，提升科技评估的公信力和权威性，同时也有助于形成法律促进和政策推动的合力机制。伴随着科技创新驱动和市场化改革的深入推进，科技评估的重要性日渐凸显，已经成为提升科技决策水平的重要工具，市场化导向也催生了第三方科技评估制度，如何从规范层面保障其落到实处，亟待进行有效立法❷。

其次，从可行性来看，我国科技评估立法的基本条件比较成熟，在理论储备、现实基础、先行探索、经验借鉴、政治保障等方面的创新与实践为科技评估立法提供了规范指引和实践基础。通过对科技评估立法的必要性和可行性进行分析，同时结合域外先进立法经验，科技评估立法迫在眉睫。

最后，从时效性来看，站在立法成本效益分析的角度，实现立法动机和立法效果的有机统一，有效利用立法资源，积极运用激励手段，着眼于科技

---

❶ 李宁，张春育. 科技成果评价在成果转移转化过程中遇到的问题和对策建议［J］. 天津科技，2019，46（9）：3-5.

❷ 康兰平. 我国科技评估的法律实现机制研究：以国外科技评估立法实践为分析视角［J］. 自然辩证法通讯，2018，40（7）：98-105.

评估的立法需要和利用平衡，注重立法质量和立法实效，实现立法效益的最大化。

二、完善科技评估立法规制体系

尽管我国科技评估起步较晚，但发展迅速，取得了显著的成果。然而相比欧美发达国家，我国科技评估的法制实践状况在立法体系、评估内容、评估机构、评估程序、评估结果运用等方面仍存在着亟待修订完善的空间。因此，一方面我们应当本着反省与重构的心态，积极吸收借鉴国外先进经验，同时也需要因应本土资源和科技评估的发展趋势，逐步提升和完善我国科技评估的立法进程。

(一) 高度重视科技评估的立法工作，注重立法先行与相关配套制度相结合

从美国等发达国家科技评估的历史沿革来看，通过制定专门的法律法规对科技评估活动给予立法保障和政策引导，有助于推动科技评估活动的常态化、制度化和规范化。我国科技评估尽管历经三十余载的发展，但是至今仍未获得立法层面的支持。科技评估作为专业化、技术化的咨询和评判活动，其持续健康发展有赖于国家在立法层面给予保障。为此，有必要借鉴美、法、日等发达国家的成功范例和立法成果，高度重视科技评估的法制建设。

首先，应当在规范层面明确科技评估的法律地位，通过修订《科学技术进步法》中关于科技评估的具体条款，增强其明确性和可操作性，解决长期以来科技评估的法律缺位和权威性不足问题。为了营造良好的科技评估环境，还要注重科技评估立法与现行的法律法规以及具体规章制度的协调性以及兼容性问题，避免立法冲突的同时能够平衡各方利益诉求。同时，也要坚持立法先行与相关配套制度相结合，推动科技评估机制更加有效运行。

其次，应当在坚持已有科技评估模式的基础上，在立法中明确第三方评估主体的法律地位和具体的权利、义务，形成内部评估与外部评估相结合的多元评估机制。

最后，要构建有效的科技评估结果反馈机制和诊断机制，在科技评估完成后应当及时地将相关信息以及数据反馈给被评对象，并接受公众的监督。

切实保障公众的知情权和监督权既能够增强评估的透明度和公信力，同时也能够提升科技评估的实施效能，实现优化资源配置、提高决策质量以及推动科技创新的目的。

(二) 修订《科技评估规范》，加强科技评估行业的法律治理和市场化改革

《科技评估规范》作为我国首部技术规范和行为规范，标志着我国科技评估开始步入专业化和规范化阶段，但是经过多年的发展，我国科技评估领域面临着新的机遇，也面临着新的挑战。一方面深化科技体制改革，加快推进国家创新体系建设成为时代所需，另一方面如何构建科学合理的科技评估机制成为当务之急。因此，修订《科技评估规范》，推动科技评估行业规范化、标准化建设具有重要的社会意义和价值。

具体而言，一方面要构筑起多元化的、不同层次的科技评估体系，加强科技评估的组织结构和制度建设；另一方面要吸收借鉴其他国家的成功经验和立法成果，加强科技评估的技术规范建设，规范科技评估的程序、环节和方法，确保科技评估的设计、实施以及结果运用体现出科技评估的宗旨和意图，提升科技评估的权威性和可靠性。

(三) 构建多元化评价主体，激发公众参与热情，提升科技评估的实施效能

从美国、日本等国家的实践情况来看，通过法律的形式构建多元化的评价主体，既有内部评价，也有外部评价，吸纳公众参与到评估的具体实施环节中，可形成全方位的评价主体体系。因此，我国的科技评估也应当借鉴先进立法经验，鼓励和支持多元化的科技评估主体体系，大力发展第三方评价机构，努力营造出内部评价与外部评价相结合的评估模式，同时通过立法保障公众的参与权，将科技评估的具体内容、实施程序、结果运用情况及时向公众发布，从而营造出良好的科技评估环境，提升科技评估的实施效能。

(四) 明确科技评估报告的法律效力，提升科技评估的权威性和可靠性

当前，叙述评估结论的科技评估报告是否真实、可靠成为影响评估结果运用和评估实际效能发挥的关键因素。实践中，科技评估报告的质量参差不

齐，评估结论的权威性和可靠性直接影响到科技决策的方向、水平和成效，甚至可能因为评估结果的偏差而产生负面影响，造成损失。

因此，为了确保科技评估结果的权威性和可靠性，我们可以借鉴"鉴定结论"的证据意义，对科技评估报告的形式要件和实质内容做出规定，如明确评估机构和评估人员的资质和专业素养、评估结论的依据应当真实合法、分析论证所运用的方法应当科学合理等。通过将科技评估报告与鉴定结论的证据意义进行借鉴和比照，能够规范科技评估报告的结果运用和过程质量控制，避免因科技评估报告的失范影响科技评估的公信力和执行力，从而提升科技评估的权威性和可靠性。

（五）加强科技评估"元评估"工作，确保评估结果的信度和效度

"元评估"即对原有评估所进行的再次评估，能够全面、多维度对原有评估的实施环节和结果进行信度和效度的检验，从而能够查漏补缺，最终得出全面而客观的评估结论。开展"元评估"活动，能够对于科技评估的实施过程进行质量控制，及时发现和有效制止虚假的评估行为，提升评估结果的客观真实性。从国外科技评估的先进经验来看，做好对原始评估的"元评估"工作，构建统一的"元评估"标准，不仅能够保障科技评估的真实性和可靠性，同时也能够培育反思性的科技评估文化，推动科技评估持续走向规范化、常态化和制度化。许多国家在开展科技评估的过程中，在评估的每一个环节设置"元评估"标准。例如瑞士 SEVAL 选取了实用性、可行性、公平性与精确性四个维度作为标准，并且根据科技评估的不同阶段设置不同的标准。

三、丰富科技评估立法配套制度

科技评估活动的推行是一项复杂的系统工程，不仅需要构建完善的立法规制体系，同时也需要加强科技评估制度建设的配套性和协调性。发达国家科技评估发展历程中遇到的矛盾与挫折给当前正处于规范化、制度化的我国科技评估工作推进提供了借鉴。一方面，要建立健全科技评估的立法规制体系，在立法理念上倡导体系性的回归，厘定评估主体的评估权，保障评估对象的合法权利，建立规范化的评估程序，完善责任追究机制，加强科技评估

结果的运用，等等；另一方面，也需要为贯彻科技评估法律制度落到实处提供相应的制度配套。积极借鉴发达国家的成功经验，将科技评估与财政预算相结合，引入有效的激励机制，提升科技创新绩效；逐步建立客观科学的科技评估系统，健全监督和责任追究机制，对科技评估的过程和结果进行有效的监督，提升科技评估的质量和效率；增强和完善公众参与科技评估的正常渠道，为科技评估营造良好的生态环境，形成推动科技评估的动力源。科技评估是一个内涵丰富的科学体系，关涉评估主体、评估方法、评估程序、结果运用等诸多领域。健全科技评估的立法规制体系，注重科技评估配套制度的系统性和协调性，通过规范的制度设计和可操作化的实施机制，实现科技评估的权、责、利相统一，建立制度化、系统化、层级化的科技评估体系，提高政策和项目的管理水平。

四、完善科技人才评估体系

党的十九届五中全会强调了坚持创新在我国现代化建设全局中的核心地位，把科技自立自强作为国家发展的战略支撑，实施创新驱动发展战略。科技自立自强归根结底要靠高水平科技创新人才，而激发各类科技人才的创新活力，就需要进一步完善科技人才评价体系。习近平总书记在中国科学院第二十次院士大会、中国工程院第十五次院士大会、中国科学技术协会第十次全国代表大会上指出，要重点抓好完善评价制度等基础改革；在人才评价上，要"破四唯"和"立新标"并举；加快建立以创新价值、能力、贡献为导向的科技人才评价体系❶。

科技人才评价体系必须符合如下原则：一是能够全面准确地评价科技人才；二是用动态的眼光发展地评价科技人才；三是根据科技创新客观条件的变化不断调整评价科技人才的方式；四是让科技人才有参与感、认同感和获得感。总之，要构建一个科技人才的主观认同和人才评价的客观标准辩证统一的评价体系❷。

---

❶ 陈彬. 正确处理三个关系 创造良好科技创新生态［J］. 审计观察，2021（7）：60-63.
❷ 温金海、陈晓伟、陈套，等."破四唯"之后如何"立新标"［J］. 中国人才，2021（8）：28-31.

　　建立和完善科技人才分类评价体系。随着科学技术的不断发展，科技创新工作的内涵在不断丰富，外延在不断拓展，单一的科技人才评价标准越来越不能准确评价科技人才的价值、贡献和能力。基础理论研究人才评价要以理论贡献、学术贡献为主，多采用同行评价，加强国际评价；工程技术研发人才评价要以技术成果为主，多采用业内评价、第三方评价；应用创新人才要突出效益指标，主要由市场和用户来评价。在基础理论、工程技术和应用开发的类别之中和类别之间需要进一步细化评价分类，还要充分考虑跨领域的科技人才的评价。

　　建立和完善科技人才多维评价体系。随着科学研究范式发生深刻变革，科技创新越来越不单纯依靠单个科技人才，而是更多地依靠团队协作；科技创新的贡献越来越难以简单量化。这就意味着对科技人才的评价需要综合考虑团队协作、个人贡献、成果价值、发展潜力等多方面的因素。破除"四唯"、构建"新标"，全方位地评价科技人才，就要注重个人评价与团队评价相结合，科学合理地评价参与者的实际贡献，杜绝虚假挂名。改变片面地将论文、专利、项目、经费数量等与科技人才评价直接挂钩的做法，避免评价标准"一刀切"，实行差别化评价，采用代表性成果评价，突出评价科技研究成果质量和原创价值。进一步丰富评价手段，科学灵活采用考核、评审、述职、答辩、实践操作、业绩展示等不同方式。通过构建科技人才多维评价体系，让评价体系与科技人员的实际贡献相统一。

　　建立和完善科技人才跟踪评价体系。随着科技创新广度显著扩大、深度显著加深、速度显著加快、精度显著增强，科技人才必须牢牢把握时代主题，紧跟时代步伐，回答时代之问。避免各种人才称号一锤定音，一顶"帽子"终身受用，遵循不同类型人才的成长发展规律，科学合理设置评价考核周期，注重过程与结果、短期与长期相结合。不断跟进科技人才的最新科技成果和研究动向，动态评估。通过构建科技人才跟踪评价体系，使评价体系与科技人员的成长规律相统一。

　　建立和完善科技人才评价反馈体系。从认识论和实践论的高度来看待科技评价体系。科技人才评价体系是建立在对科技人才和科技活动的客观认识的基础之上，科技创新的实践在不断变化，这就要求科技人才评价体系需要具备相应的反馈机制和调整机制，通过不断迭代、动态调整，从而不断优化评价体系。具体来说，就是要建立科技人才能力、科技创新成果、科技产出收益等一系列的反馈指标。通过构建评价体系与反馈指标的动态关系，来不断优化评价体系。

建立和完善与科技人才良性互动的评价体系。在评价规则的制定上要广泛采纳和吸收科技人才的意见建议，在评价的过程中要做到公开公正公平、高效务实透明，在评价的具体标准上要做到尽可能全面客观合理，在评价的机制上要注重沟通协商，形成最大最广泛共识，在评价结果的使用上要做到以激励鼓励科技人才成长、提高科技人才队伍整体素质为主。构建与科技人才良性互动的评价体系，让客观评价与主体认同相统一。

科学技术在人类文明发展进程中扮演了不可替代的重要角色。科技发展的根本动力来自科技人才。科技人才的根本内在动力来自对未知的探索、对真理的追求和自我价值的不断实现。科技人才评价体系协调的是科技人才、科技实践、科技管理和科技战略之间的相互关系。科技人才评价体系的关键因素在于激发科技人才的内在动力，提升科技人才的整体水平。科技人才评价体系存在的根本价值在于从内在帮助科技人才更好地认识自我、改造自我、提升自我、形成自我成长的内在机制，帮助科技人才更好地挖掘优势、补齐短板、找到定位、明确方向，与国家科技发展战略方向步调一致，以此实现高水平科技自立自强。

第三节　科技成果价值评估展望：评估流程平台化

一、科技成果价值评估信息结构更加规范

《国务院办公厅关于完善科技成果评价机制的指导意见》提出，鼓励部门、地方、行业建立科技成果评价信息服务平台，创新科技成果评价工具和模式，加强科技成果评价理论和方法研究，利用大数据、人工智能等技术手段，开发信息化评价工具，综合运用概念验证、技术预测、创新大赛、知识

产权评估以及"扶优式"评审等方式，推广标准化评价。要充分利用各类信息资源，建设跨行业、跨部门、跨地区的科技成果库、需求库、案例库和评价工具方法库❶。

通过在科技成果价值评估平台上建立大数据分析评价中心，可以充分利用大数据技术优势，使科技成果价值评价更加精准客观，更加高效便捷，更加系统全面。

（一）科技成果价值评价更加精准客观

由于大数据技术具备强大的数据处理功能，所能处理的数据不仅体量大，而且粒度小，从中获取的信息更加细致和清晰，有利于提高分析结果的精准度。目前的科技成果价值评价仍然以主观性评价为主，如同行互评等方式，引入大数据处理分析技术进行相关数据的量化分析，可以客观地评价成果的效益和价值，实现主观评价（如同行互评）和客观评价的统一，定性评价和定量评价的结合，从而提高科技成果评价的准确度。

大数据评价可以在科研成果的独创性、社会效益和科学价值方面起到一定的挖掘分析作用。大数据分析最重要的应用领域之一就是预测性分析。由于科研成果的影响力可能是长时间的，在短时间内无法通过有限的数据真正反映其价值，大数据的预测功能使其成为可能，并大幅缩减评价时间和评价成本，将评价的主观随意性降到最低。这一功能对于长效性的科研成果评价非常重要。在大数据的背景下，依托海量数据，加上云计算技术等强大的数据处理能力，对结构化、半结构化和非结构化的数据高效地分析归纳，让人们对于未来的准确预测变得越来越清晰，预测结果也变得越来越趋近事实。目前国内学者利用数据挖掘、智能算法等方法在科技成果价值评价方面开展了初步的研究，尤其是在专利价值评估和预测方面。专家学者使用数据挖掘等技术对专利信息进行处理，从专利数据源中推导出适用于其他相关数据的有用信息。例如，使用关联规则生成专利技术模式，采用聚类算法、机器学习对专利价值进行分类、评估和预测，采用自然语言处理对专利文本进行分

❶ 唐涛、杨睿智、刘洪麟，等. 新形势下科技成果评价面临的问题与对策［J］. 技术与市场，2022，29（10）：166-167，170.

析等，快速识别专利价值。

（二）科技成果价值评价更加快速高效

大数据有处理速度快和获取与发送方式自由灵活的显著特征。科技成果评估体系的建立需要大量基础数据、转化案例和行业行情，采用以云计算为代表的技术可以在短时间内分析完成庞大而繁杂的数据，使大量数据快速传输、运算和处理成为可能，减轻评估人员繁重的分析任务，提高科技成果评估效率。另外，基于大数据技术可以实现对各种实时性数据的把握，实现对评价要素历史性、发展性乃至全生命周期的动态性判断❶。

（三）科技成果价值评价更加全面系统

数字化打通信息孤岛，科技成果价值评估信息更可靠。科技成果评估所需的数据包含结构化数据，同时也有非结构化、半结构化的数据，这些非结构化和半结构化的数据对于系统全面评价科技成果非常重要。大数据技术不仅能采集结构化数据，而且能对半结构化数据和非结构化数据进行采集处理，由于多种类型的海量数据被挖掘利用，从整体上提高了科研评价的完整性和系统性。另外，还有利于对科研评价对象进行多视角、全方位的评价，彼此验证和相互支撑，突破以往单一维度的思维模式，使科研评价的全面性、系统性大大提升。

二、科技成果价值评估流程更加透明化

现今，我国对于第三方评估平台的建设是本着从根上服务于中小型创新企业。平台主要起到助推器的作用，因为技术项目产业化需要多方共同完成。平台将项目参与方的信息通过有效有序合理的方式对接起来。此外，平台在社会各方监管下，一切举动均秉承开放、透明、公开原则。做到程序公开，坚持用科学的方法和科学的数据来进行评估评价。通过网络平台完成科技创新评估评价的公开化和透明化，既能保证评价的公开公正，又能实现高效的

---

❶ 刘在洲. 大数据应用于高校科研评价的价值意蕴与适用构想 ［J］. 科技管理研究，2021，41（4）：109-116.

创新评估评价体系的信息共享，为科技创新工程提供支持❶。

现阶段，实体中介服务机构已成为连接科技成果转化供给端与需求端的桥梁与纽带；但在经济发展以及科技进步的同时，"互联网+"与平台经济成为热潮，线上虚拟科技中介平台在成果转化中也逐渐彰显其网络效应、正外部性的特色优势。这些虚拟中介平台建立在实体服务机构的基础之上，加上大数据、智能化、移动互联网、云计算的支持，近年来呈现出爆发式增长。例如，中索科技成果转化服务平台、国家生态环境科技成果转化综合服务平台、苏州市成果转化平台等各级政府主办的虚拟平台，以及金智创新、迈科技、贤集网、科易网等民办虚拟平台，如雨后春笋般涌现。

三、科技成果价值评估平台典型案例

（一）全国科技成果评价服务平台

全国科技成果评价服务平台是创遇网❷（协同创新服务平台）的重要子平台，为我国的企业、高校、科研院所提供在线科技成果评价申请、评价材料提交、评价材料审核、评价专家遴选、评价报告查询等服务，该平台的评价业务由中科合创（北京）科技成果评价中心承接。中科合创（北京）科技成果评价中心是经科技部有关部门批准成立的一家第三方专业科技成果评价机构，是工信部认定的国家军民融合科技评估机构，也是全国唯一一家与公安部科技信息研究所联合开展全国公安系统和社会公共安全领域科技成果评价的第三方专业评价机构。创遇网（协同创新服务平台）是经科技部批准，由中科合创（北京）科技推广中心建设并运营的国家级综合科技服务平台，连接全国的企业、高校、科研院所和7000万名科研人员，汇聚了海量的资本、技术、人才、服务等高端科技创新要素，围绕着整个创新链，为用户提供集科技成果评价、知识产权价值评估、检验检测、科技查新、委托研发、资本对接、人才培训、技术成果转移转化等一站式科技服务。

---

❶ 邢战雷，吴月佳，孙艳蕾. 基于路径演化视角的我国科技成果转化模式变迁及对策分析［J］. 创新科技，2021，21（8）：25-34.

❷ 网址为 https://chuangyuwang.com/。

全国科技成果评价服务平台的主要工作范围为：①开展国家科技成果评价（鉴定）工作；②提供国家一级科技查新服务工作；③组织开展国家或地方科技计划、科技专项的综合评价，区域创新能力评价以及科研机构运行绩效评价，提出综合性评价意见，为政府科学决策提供支撑；④通过对科技项目的先进性、创新性、成熟度、市场前景、经济效益和社会效益等的评价，为创业投资、银行信贷、科技保险、技术交易等提供决策参考依据；⑤推动高校、科研院所与企业合作，共建创新型研发中心和实验室，加速我国前沿技术创新和重大技术难题攻关；⑥为新技术、新产品提供各种检验检测服务；⑦为项目方提供国家科技计划专项资金、国家科技奖励等的申报咨询、指导服务；⑧为高校、科研院所及企业提供科技成果的转移、转化服务；⑨组织专家为企业提供技术咨询和技术难题攻关；⑩提供创业团队、企业与天使投资人、创投基金、风险投资机构及私募股权基金的对接工作，为企业融资提供便捷通道。

其基本评价服务流程为：首先进行科技成果评价咨询，委托方了解评价流程和要求；然后进行评价材料形式审查，评价机构对委托方提交的评价资料进行形式审查；随后签订评价委托协议，接受委托后，签订评价合同，约定评价要求和完成时间，确定并缴纳评价费等事项；评价机构遴选评价专家委员，确定评价负责人；召开评价会议，或采取通信、现场评价形式，评价程序按科学技术部《科学技术评价办法》执行；做出评价结论，每位评价专家独立打分，评价机构汇总并计算综合评分；综合所有专家评价意见，最终由专家组形成综合评价结论；交付评价报告，即按约定时间、方式和份数向评价委托方交付评价报告。

（二）技术市场 3.0

InnoMatch 全球技术供需对接平台❶（以下简称平台）启用于 2022 年 8 月。平台旨在汇聚全球创新资源、解决企业创新需求，以数字科技打造技术、人才、服务、资本融合匹配的创新生态圈，建设科技成果转化双向快车道；

---

❶　网址为 http://www.gtechmall.com/。

强化需求导向、市场导向，坚持全球化配置要素、数字化链接资源、市场化运营服务，提升科技成果对接产业和资本要素的效率。

在国家技术转移东部中心资源支持下，上海国际技术交易市场试运营 2个月即完成 16 个产业图谱，储备 1300 万个技术关键词、94 万条国内科技成果、800 多万条欧美成果数据，联通全球 50 多个国家 400 多万家科技型企业，148 万家中国科技企业评级，发布企业需求成果超过 2000 项。目前，平台上的企业科技创新意向投入达 37.89 亿元，已促成跨区域合作 70 项，意向签约金额近 3 亿元。

平台的主要特色为可一键发布技术需求及成果、覆盖面广泛和社交高效化。由于平台可以一键发布技术需求及成果，因此支持分类查找、智能匹配信息、精准对接资源，让用户第一时间获取更多价值信息，提升供需对接效率；以智能化、数字化、工具化实现平台重构，让技术与成果走向更开放的市场。此外，平台的覆盖面广泛，当前已上线生物医药、人工智能、智能家居、智能制造、绿色低碳、现代农业、汽车工业、可再生能源、航空航天九大行业，实现产学研人脉和资源的集聚，使高校、研究院所、大企业、创新园区等垂直领域人才构建起社交"朋友圈"。除此之外，高效社交，一键发帖，扩充人脉触达网络，知识交流，共享渠道，实现资源高效配置。行业图谱、优质企业推荐、产业链上下游一览等前沿资讯，破除孤岛效应，打造行业前沿信息集散地。

技术转移 1.0 时代是由成果端出发找市场，技术转移 2.0 时代是由需求端出发找成果，而平台未来将开启技术转移 3.0 时代，以数字化、智能化为工具手段，以技术经理人为核心，创造"人人都是技术经理人"的开放理念。平台以"智能工具辅助+专业教育培训"双轮驱动，在线专家及技术经理人达到 3500 余人。平台设立了智能工具辅助系统，提供工具"百宝箱"和科创企业评级报告，支持用户方便快捷地选择能力强、信誉好的合作方；"PC+Mobile"双场景支持，实现在线对接沟通辅助。线上线下全渠道开课，职业路径规划，从小白到职业经理人，提升技术经理人和技术转移服务机构的线上工作便利性、有效性和精准度。平台通过"线上+线下""国际+长三角""技术交易+产业落地""展会+服务"集成模式，在现有需求挖掘、整理和匹配的功能基础上，实现技术端、人才端、资本端和服务端全链条参与供需匹配。平台服务产业升级，推动产业落地，加速技术推广，立足上海，辐射长三角，服务全国，链接国际，促进全链条生态体系活跃发展；在服务创新链与产业链融合发展的同时，形成科技领域数字经济的新增长极。

第四节　科技成果价值评估展望：评估方式市场化

一、科技成果价值评估市场化是科技成果转化的客观要求

随着我国促进科技成果转化系列政策法规的逐步落实，全国科技成果转化活动持续活跃，多种方式转化的科技成果均呈上升趋势。2022 年 6 月 29 日发布的《中国科技成果转化 2021 年度报告（高等院校与科研院所篇）》显示，2020 年，3554 家高校和科研院所以转让、许可、作价投资和技术开发、咨询、服务方式转化的科技成果的合同项数、合同金额均有增长，合同项数为 445905 项，合同金额为 1053.5 亿元。其中，转化科技成果超过 1 亿元的高校和科研院所有 261 家，超过 10 亿元的高校和科研院所共 12 家。科技成果转化对科技人员的激励效应持续显现，科技成果转化流向聚集明显。

科技成果价值评估是实现成果转化的重要环节。通过科技成果价值评价可以充分挖掘其价值，使供需双方都能了解科技成果的真实情况和成果价值，有利于提升科技成果转化效率和效益，有利于降低决策风险。随着科技成果转化需求的快速增长，对科技成果价值评估也提出了市场化的要求。

让市场作为科技成果评价的主体，推动科技成果转化为现实生产力。2018 年，中共中央办公厅、国务院办公厅印发《关于深化项目评审、人才评价、机构评估改革的意见》，对完善科技项目成果评价提出明确要求。三年后，"三评"改革取得阶段性成效，但缺乏长效的市场机制支撑，不能很好地适应高水平科技自立自强的发展格局。2021 年，国务院办公厅发布了《关于完善科技成果评价机制的指导意见》（以下简称《指导意见》），进一步强调了发展科技成果市场化评价的重要性，提出要大力发展科技成果市场化评价。

《指导意见》提出要充分发挥市场在资源配置中的决定性作用，更好地发挥政府作用，引入第三方评价，加快技术市场建设，加快构建政府、社会组织、企业、投融资机构等共同参与的多元评价体系，充分调动各类评价主体的积极性。在成果评价体系构建方面，提出把技术交易合同金额、市场估值、市场占有率、重大工程或重点企业应用情况等作为主要评价指标。

二、科技成果价值评估市场化有助于促进成果转化

目前开展的科技成果评价工作仍存在面向市场化准备不够充分的问题，缺少面向市场化应用前景的预测能力以及有针对性的商业化评估。

一方面，我国现有科技成果评估研究主要集中在科技成果本身的成熟度评判及先进性评估方面，在市场化前景、行业分析、风险预测、发展战略等方面的理论和方法较少，现有的评价指标不具有市场针对性，可操作性不强。因此，有必要以市场化为导向，通过成熟度判定、商业价值对标、转化前景分析等具体理论分析和方法，探索科技成果本身的前景的优劣势，建立具有可操作性的科技成果市场化评估机制。

另一方面，科技成果价值评估的目的是交易，交易是市场化行为，评估结论的可靠性要经得起市场的检验。对此，应借鉴先进的评价经验，对评价结果进行反馈和跟踪，将评价报告中发现的问题和提出的建议及时向评价委托方反馈，要求其制定改进方案并将改进方案和实施效果及时向科技成果评价管理部门汇报。同时，跟踪专家意见落实、评价报告应用、成果运用转化情况，做好科技成果市场化评价的延伸工作。

（一）制定有利于科技成果转化的政策法规

各级科技主管部门要认真落实主体责任，充分认识科技成果转化的重要性，制定有利于成果转移转化的政策法规，引导规范市场主体的科技研发活动。此外，加强科研单位技术转移机构和社会化技术转移机构的建设与发展，引导建立市场化合作机制，提升服务能力和水平，为成果完成单位提供知识产权、成果评价、投融资等成果转化全链条的专业服务。另外，依据企业科技成果所创造的经济效益和社会效益，对企业实行税收减免、无偿资助、有

偿拨款等优惠政策，激发企业顺应市场需求开展科技成果创新活动。针对科技研发人员和评价人员可考虑给予奖励提名、纳入绩效工资管理的现金奖励、职称评聘和专业资格认证中的一种或多种的组合奖励方式，最大限度调动其工作积极性，激发其成果创新与转化的活力，避免人才流失❶。

（二）建立以市场为导向的成果评价体系

2021 年 8 月出台的《国务院办公厅关于完善科技成果评价机制的指导意见》中明确表示，坚决破解科技成果评价中的"唯论文、唯职称、唯学历、唯奖项"问题，不把论文数量、代表作数量、影响因子作为唯一的量化考核评价指标❷。鉴于此，第三方评价机构应在原有评价体系的基础上，弱化论文影响因子、代表作数量、专利数量等传统指标，并结合成果的创新性、先进性、技术成熟度、社会经济效益价值、研究成果的决策参考价值和推广应用前景等指标情况，根据科技成果的不同特点和评价目的，积极探索构建更科学、恰当合理的以市场为导向的评价体系，引导科研人员将精力和时间投入到挖掘科研成果创新性和先进性上，促进科技成果更顺利、更精准地投入日后的实际应用中去。科技成果的顺利转化于评价机构而言，是对现行评价机制科学性的验证，激励其对评价机制进行更进一步的完善，并思考在成果转化过程中，评价机构还可以再扮演什么样的角色，促进评价业务领域的拓展；于企业而言，使其明确了自身成果水平，为他们下一步科研工作指明了方向，增强了其科技研发的意识和投入，促进企业成为自主创新的主体和科技成果转化的载体。

---

❶　唐涛，杨睿智，刘洪麟，等. 新形势下科技成果评价面临的问题与对策 [J]. 技术与市场，2022，29（10）：166-167，170.

❷　参见"关于完善科技成果评价机制的指导意见"，http://www. Gov. cn/zhengce/content/2021-08/02/content_5628987. htm.

参考文献

［1］中国科学院. 中国科学院科学技术研究成果管理办法［J］. 中国科学院院刊, 1986（3）：283-285.

［2］全国人民代表大会常务委员会. 全国人民代表大会常务委员会关于修改《中华人民共和国促进科技成果转化法》的决定（主席令第三十二号）［EB/OL］.（2015-08-30）［2023-04-08］. http://www.gov.cn/zhengce/2015-08/30/content_2922322.htm.

［3］赵玉林, 魏建国. 科技成果转化的供求结构优化模型［J］. 系统辩证学学报, 1998（3）：70-73, 78.

［4］王闯, 陈志国, 王楠, 等. 浅谈科学技术成果的概念及分类［J］. 湖南大学学报（自然科学版）, 1995（S1）：45-48.

［5］崔建海. 科技成果转化的基本理论及发展对策［J］. 山东农业大学学报（社会科学版）, 2003（1）：112-114.

［6］刘德刚, 牛芳, 唐五湘. "科技成果"一词的起源、演变及重新界定［J］. 北京机械工业学院学报（综合版）, 2004（2）：38-44.

［7］梁秀英, 罗虹. 标准化科技成果的分类研究［J］. 标准科学, 2009（8）：4-7.

［8］孙彦明. 中国科技成果产业化要素耦合作用机理及对策研究［D］. 长

春：吉林大学，2019.

[9] 何浩，钱旭潮. 科技成果及其分类探讨 [J]. 科技与经济，2007（6）：14-17.

[10] 国家市场监督管理总局，国家标准化管理委员会. 科技成果经济价值评估指南：GB/T 39057-2020 [S]. 北京：中国标准出版社，2020.

[11] 中国技术市场协会. 科技成果评价工作指南：T/TMAC 019. F—2020 [S]. 北京：中国标准出版社，2020.

[12] 王嘉，曹代勇. 我国科技成果评价的发展现状与对策 [J]. 科技与管理，2008（5）：92-95.

[13] 吴寿仁. 从科技成果鉴定到科技成果评估评价的演变 [EB/OL].（2021-08-26）[2023-04-08]. https://www. 1633. com/article/64079. html.

[14] 苏宏宇. 科技成果评价政策与标准化现状 [EB/OL].（2022-10-21）[2023-04-08]. https://www. cnis. ac. cn/ynbm/bzpgb/kydt/202210/t20221021_54068. html.

[15] 重明创业投资. 科技成果释义及价值评估相关问题：科技成果转化专题调研之一.（2022-08-06）[2023-04-08]. https://mp. weixin. qq. com/s/wOhuKEzJ6J-j3lK_ZJnRfg.

[16] 德勤管理咨询. 构建"科技创新"价值评估体系 [J]. 经理人，2021（11）：22-23.

[17] 中国人民政治协商会议全国委员会. 科技评价体系建设如何破局？——全国政协教科卫体委员会"完善科技成果评价机制"专题调研综述 [EB/OL].（2022-12-01）[2023-2-01]. http://www. cppcc. gov. cn/zxww/2022/12/01/ARTI1669868218566212. shtml.

[18] 国务院办公厅. 国务院办公厅关于完善科技成果评价机制的指导意见. [EB/OL].（2021-07-16）[2023-04-08]. http://www. gov. cn/gong-bao/content/2021/content_5631817. htm.

[19] 吴良峥，林秀浩，梁燕妮. 电网科技项目技术经济评价模型研究 [J]. 中国电力企业管理，2020（9）：80-81.

［20］于成刚，梅姝娥. 科技项目后评价方法及指标体系研究［J］. 科技经济市场，2008（6）：84-85.

［21］中国资产评估协会. 科技成果知识产权评估指标体系及评估方法［EB/OL］.（2022-04-12）［2022-02-11］. https：//kjt. nmg. gov. cn/kjdt/mtjj/202204/t20220412_2036553. html.

［22］黄莉. 多学科诊疗（MDT）模式评价指标体系构建及应用［D］. 泸州：西南医科大学，2022.

［23］卜伟，郑园园，陈军冰. 江苏高校科技创新政策绩效评价：基于层次分析-熵值法和 K-means 聚类分析法［J］. 科技管理研究，2022，42（24）：118-124.

［24］陈雪瑞. 农业科技成果价值评估方法与系统模型研究［D］. 北京：中国农业大学，2018.

［25］李建利. 基于标尺竞赛和数据挖掘的电网科技成果价值评估研究［D］. 北京：华北电力大学，2021.

［26］AKERLOF G A. The market for "lemons"：Quality uncertainty and the market mechanism［J］. The Quarterly Journal of Economics，1970，84（3）：488-500.

［27］RAZGAITIS R. Valuation and dealmaking of technology-based intellectual property［M］. New York：John Wiley & Sons，2009.

［28］IP Watchdog 2016 patent market report：patent prices and key diligence data［EB/OL］.（2014-10-25）［2023-02-17］. https：//www. worldip. cn/index. php？m=content&c=index&a=lists&catid=64&s=1.

［29］王永杰. 一种基于市场法的科技成果价值评估模型研究［D］. 北京：中国科学院大学，2017.

［30］雷海. 科技成果评估的案例分析［D］. 北京：北京理工大学，2022.

［31］黄亚明，何钦成. 科技成果评估中的常用方法［J］. 中华医学科研管理杂志，2004（1）：13-15.

［32］JAEMIN C，JAEHO L. Development of a new technology product evaluation model for assessing commercialization opportunities using Delphi method and fuzzy

AHP approach [J]. Expert Systems with Applications, 2013, 40 (13): 5314-5330.

[33] 王珍, 种皓, 张红霞, 等. 医院科技创新成果转化评估决策支持系统对骨科手术机器人科技成果转化验证研究 [J]. 中国医学装备, 2022, 19 (8): 128-133.

[34] 田国华. 研究型高校科技成果转化水平与区域经济协调关系评估 [J]. 山西大同大学学报 (自然科学版), 2020, 36 (5): 32-36.

[35] 石馨月, 李正旺, 曾基业. 广东省推行科技成果标准化评价的现状分析 [J]. 特区经济, 2022 (7): 67-70.

[36] 刘璘琳. 企业知识产权评估方法与实践 [M]. 北京: 中国经济出版社, 2018.

[37] 罗素·帕尔, 戈登·史密斯. 知识产权价值评估、开发与侵权赔偿 [M]. 北京: 电子工业出版社, 2012.

[38] 孔军民. 中国知识产权交易机制研究 [M]. 北京: 科学出版社, 2018.

[39] 俞兴保. 知识产权及其价值评估 [M]. 北京: 中国审计出版社, 1995.

[40] 王翊民. 知识产权价值评估研究: 基于其法律属性的分析 [D]. 苏州: 苏州大学, 2010.

[41] 陈静. 知识产权资本化的条件与价值评估 [J]. 学术界, 2015 (8): 96-105, 331.

[42] 周正柱, 朱可超. 知识产权价值评估研究最新进展与述评 [J]. 现代情报, 2015, 35 (10): 174-177.

[43] DIAMOND P A, HAUSMAN J A. Contingent valuation: is some number better than no number? [J]. Journal of Economic Perspectives, 1994, 8 (4): 45-64.

[44] 董晓峰, 李小英. 对我国知识产权评估方法的调查分析 [J]. 经济问题探索, 2005 (5): 120-126.

[45] WILLIAM J MURPHY. 专利估值: 通过分析改进决策 [M]. 张秉斋, 等译. 北京: 知识产权出版社, 2017.

[46] 马天旗. 高价值专利培育与评估 [M]. 北京: 知识产权出版社, 2018.

［47］马天旗. 高价值专利筛选［M］. 北京：知识产权出版社，2018.

［48］凌赵华. 国内外主流"专利指数"探析［J］. 知识产权管理评论，2015（9）：11-14.

［49］国家知识产权局专利管理司，中国技术交易所. 专利价值分析指标体系操作手册［M］. 北京：知识产权出版社，2012.

［50］林德明，姜磊. 科技论文评价体系研究［J］. 科学学与科学技术管理，2012，33（10）：11-17.

［51］张燕，崔巍，王秀丽，等. 学术论文定量评估问题研究［J］. 内蒙古工业大学学报（自然科学版），2015，34（3）：224-229.

［52］温晓玲，袁维波. 机载软件质量评价方法研究［J］. 航空标准化与质量，2022（4）：37-42.

［53］李静. 基于COCOMO Ⅱ模型的HX软件价值评估的案例研究［D］. 长春：辽宁大学，2017.

［54］冯霞，徐晋. 基于神经网络的布图设计产业化前景评估［J］. 系统工程与电子技术，2006（7）：1020-1023.

［55］徐晋，张祥建. 基于实物期权的布图设计价值评估［J］. 系统工程理论与实践，2004（9）：47-50.

［56］郭岚，张祥建，徐晋. 基于实物期权的集成电路布图设计投资决策分析［J］. 科研管理，2008（4）：71-75，94.

［57］李东. 美国的国家创新体系［J］. 全球科技经济瞭望，2006（3）：6.

［58］郭华，孙虹，阚为，等. 美国科技评估体系的研究和借鉴［J］. 中国现代医学杂志，2014，24（27）：4.

［59］夏婷，宗佳. 法国科技评估制度简析及其对我国的启示［J］. 学会，2018（5）：46-50.

［60］臧莉娟. 多元评价转型：学术期刊质量评价困境及实践进路［J］. 中国编辑，2022（10）：64-69.

［61］巫锐，陈洪捷. 质量何为：德国学术评价机制转型研究［J］. 中国高教研究，2021（1）：83-88.

［62］陈强，殷之璇. 德国科技领域的"三评"实践及其启示［J］. 德国研

究，2021，36（1）：4-21，171.

[63] 徐峰. 国外科技评估的特点及对我国的启示 [J]. 科技管理研究，2007
（9）：77-80.

[64] 黄建国，吕郦慷. 日本科技评估制度的特征及其对中国的启示 [J]. 中
国科技论坛，2007（4）：135-137.

[65] 唐涛，杨睿智，刘洪麟，等. 新形势下科技成果评价面临的问题与对策
[J]. 技术与市场，2022，29（10）：166-167，170.

[66] 李丽，唐淑香，伍险峰，等. 我国科技成果评价制度存在的问题与对策
[J]. 科技信息，2012（26）：97-98.

[67] 谭华霖，吴昂. 我国科技成果第三方评价的困境及制度完善 [J]. 暨南
学报（哲学社会科学版），2018，40（9）：32-40.

[68] 赵红美，林瑞. 天津市科技成果转移转化方式、问题及对策建议 [J].
科技中国，2021（8）：74-77.

[69] 李宁，张春育. 科技成果评价在成果转移转化过程中遇到的问题和对策
建议 [J]. 天津科技，2019，46（9）：3-5.

[70] 康兰平. 我国科技评估的法律实现机制研究：以国外科技评估立法实践
为分析视角 [J]. 自然辩证法通讯，2018，40（7）：98-105.

[71] 陈彬. 正确处理三个关系 创造良好科技创新生态 [J]. 审计观察，
2021（7）：60-63.

[72] 温金海，陈晓伟，等. "破四唯"之后如何"立新标" [J]. 中国人才，
2021（8）：28-31.

[73] 刘在洲. 大数据应用于高校科研评价的价值意蕴与适用构想 [J]. 科技
管理研究，2021，41（4）：109-116.

[74] 邢战雷，吴月佳，孙艳蕾. 基于路径演化视角的我国科技成果转化模式
变迁及对策分析 [J]. 创新科技，2021，21（8）：25-34.